中职高端装备类
专业课程思政教学设计
案例集

本书编写组　编著

黄汉军　主审

上海科学技术出版社

内 容 提 要

《中职高端装备类专业课程思政教学设计案例集》汇集了上海市 10 余所中职学校机电类专业近 20 门课程的思政教学设计案例,每个案例大致包括课程基本信息、授课教师基本情况、课程内容简介、课程思政教学目标、课程思政融入设计和典型教学案例等栏目。本书所有案例将专业课程的总体课程思政设计与单元教学细节设计相结合,注重规范性、典型性、实用性和可读性。

本书读者对象包括中职学校高端装备类专业相关教师,以及教育领域相关专业人士。

图书在版编目（ＣＩＰ）数据

中职高端装备类专业课程思政教学设计案例集 / 本书编写组编著. -- 上海 : 上海科学技术出版社,
2023.11
ISBN 978-7-5478-6401-2

Ⅰ. ①中… Ⅱ. ①本… Ⅲ. ①装备制造业－教案(教育)－中等专业学校②中等专业学校－思想政治教育－教案(教育)－中国 Ⅳ. ①TH166②G711

中国国家版本馆CIP数据核字(2023)第213816号

第二批国家级职业教育教师教学创新团队课题研究项目(YB2021020401)

中职高端装备类专业课程思政教学设计案例集
本书编写组　编著
黄汉军　主审

上海世纪出版(集团)有限公司
上海科学技术出版社 出版、发行
(上海市闵行区号景路 159 弄 A 座 9F－10F)
邮政编码 201101　www.sstp.cn
上海展强印刷有限公司印刷
开本 787×1092　1/16　印张 9.5
字数：210 千字
2023 年 11 月第 1 版　2023 年 11 月第 1 次印刷
ISBN 978－7－5478－6401－2/TH·104
定价：88.00 元

《中职高端装备类专业课程思政教学设计案例集》
编写组成员名单

— 组　长 —

黄汉军　上海现代化工职业学院

— 副组长 —

吴　敏　上海现代化工职业学院
胡翠娜　上海现代化工职业学院

— 编　委 —

周　红　上海现代化工职业学院
臧　欢　上海现代化工职业学院
俞　婕　上海现代化工职业学院
胡翠娜　上海现代化工职业学院
陈　姗　上海现代化工职业学院
徐文明　上海现代化工职业学院
鄢熔熔　上海现代化工职业学院
吴　敏　上海现代化工职业学院
王　凡　上海现代化工职业学院
吴彩君　上海现代化工职业学院
刘文刚　上海电机学院附属科技学校
于海洋　上海电机学院附属科技学校
黄　颖　上海电子信息职业技术学院
陈丽英　上海市工业技术学校
葛丽静　上海工商信息学校
梁小梅　上海工商信息学校

汪慧君　上海市材料工程学校

吕冬梅　上海市工商外国语学校

赵宏明　上海市工商外国语学校

柴　楠　上海市环境学校

周　慧　上海市航空服务学校

张秀芹　上海市嘉定区职业技术学校

前　　言

党的二十大报告提出，要全面贯彻党的教育方针，落实立德树人根本任务，培养德智体美劳全面发展的社会主义建设者和接班人。在教育部等九部门印发的《职业教育提质培优行动计划(2020—2023年)》文件中指出，要构建职业教育"三全育人"新格局，引导专业课教师加强课程思政建设，将思政教育全面融入人才培养方案和专业课程中。

上海现代化工职业学院坚持以立德树人为根本任务，探索思政教育与专业课程有机融合。为深入推进中职课程思政建设，上海现代化工职业学院机电技术应用专业教育部教师教学创新团队创新提出了高端装备类专业课程思政的全员参与路径，联手本市其他近10所中职学校，组建高端装备类专业课程思政虚拟建设小组，开展高端装备类专业课程思政研究，历经两年多的探索与实践，凝聚参与学校教师的大量心血，共编写了涵盖多门专业课程达21份课程思政教学设计案例。本书编写组坚持知识传授、能力的培养与价值引领相统一，显性教育与隐性教育相统一，注重发掘各类课程和教育教学方式中所蕴含的思想政治教育资源，为推动实现"三全育人"，具有重要的参考价值。

本书编写组总结高端装备类课程思政的内涵，探索思政教育与专业课程有机融合，每门课程既有课程思政的总体设计，又提供详细的单元教学设计；教学一线任课教师结合专业知识对各类课程开展课程思政建设进行了深入挖掘，巧妙设计"思政元素"切入点，用鲜活的案例展示课程思政如何具体实施和开展，介绍了课程思政经验和成果，从而具备了良好的示范作用。本书既可供高端装备类专业相关教师使用，也可作为教育领域相关专业人士的参考或学习用书。

本书在编写过程中，得到了上海市教育委员会教学研究室、上海市中职高端装备专业教学指导委员会全体成员的指导，在此谨表示衷心的感谢。由于作者水平有限，书中难免有不当和疏漏之处，恳请读者给予批评指正。

本书编写组

目　录

机械图样识读与测绘课程思政教学设计案例

上海现代化工职业学院　周　红

课程基本信息

本课程是中等职业学校机电技术应用专业的一门专业基础课程,其任务是培养学生具有一定的图示能力、读图能力、空间想象力、思维能力以及绘图的实际技能。通过学习,学生能够识读中等复杂程度的机械图样,具备测绘简单机械零件的基本技能。在完成本课程相关学习任务同时,培养学生的爱国情怀和标准化意识,使学生具备较强的责任感和严谨细致的工作作风。本课程是机电类专业的入门课程,为学生学习其他后续专业课程打下识图与绘图基础。

授课教师基本情况

周红,女,正高级讲师,工学硕士,主要从事机电专业机械基础、机械识图与绘制等课程的教学。

课程内容简介

课程内容选取,紧紧围绕机电技术应用专业相关工作任务中所需的识图、绘图职业能力培养,同时充分考虑本专业中职学生的认知能力,按照必需、够用的原则选用相关理论知识,严格参照教育部颁发的中等职业学校机械制图教学大纲。课程内容组织,遵循机械图样识读和绘制的认知规律,以识图、绘图能力的提升为主线,内容设计包括平面图形绘制、几何体三视图绘制、机件结构形状表达、典型零件图的识读与测绘、简单装配图识读。

课程思政教学目标

本课程思政教学以立德树人作为根本任务,结合课程特点,以"识图和绘图"蕴含的图线美、标准与规范、空间思维等育人内涵,增强学生的规范意识、责任意识、劳动意识;在绘图练习中锤炼严谨细致的工匠精神,激发学生技术报国的家国情怀和使命担当,同时结合图样设计版权及责任担当,增强学生的工作责任心和对职业的热爱。

课程思政融入设计

教学进度 （项目/知识单元）	课程思政点	融入方式	思政育人 预期效果
任务一：平面图形的绘制	① 爱国情怀 ② 科技报国 ③ 科学严谨	① 介绍中国图学的发展历程，设计绘制国旗平面图形，唤起学生的爱国思想，树立对国家文化传承的信念 ② 从工程图样的作用和价值入手，帮助学生养成严肃认真对待图纸、一线一字都不能马虎的习惯，从而培养学生的责任感和使命感 ③ 强调国家制定的相关标准的科学性、规范性和严肃性，强调作图的准确性、细节的重要性，列举工程案例，强化学生严谨、认真的学习和工作态度	① 引导学生树立对国家文化传承的信念，激发学生爱国热情、科技报国的使命感和责任感 ② 增强学生遵守标准的意识，养成科学严谨的工作作风
任务二：几何体三视图绘制	① 理性思维 ② 认真细致 ③ 精益求精	① 以物体表达需要三个视图为切入点，融入多方面、多角度地认识和分析问题的思维 ② 在点评学生绘制三视图环节，展示梁思成绘制的永通桥图样及标准工程图样，激励学生认真专注地绘制规范的图样作品，弘扬大国工匠认真细致、精益求精的精神	① 养成多方面、多角度地认识和分析问题的理性思维 ② 养成认真细致、精益求精的工匠精神
任务三：机件结构形状表达	① 标准化意识和效率意识 ② 螺丝钉精神 ③ 爱国情怀	① 在讲授标准件的定义时，以标准件由专门厂家统一成批加工制造、使用者根据需要提供型号和规格选用标准件和常用件的实例，分析标准件的使用大大缩短产品的生产周期、提高产品的精度和合格率、降低成本的优点，由此引入知识产权、标准化意识、效率意识的思政教育 ② 在常用件标准件的表达部分，以螺钉的画法为切入点，引入雷锋的螺丝钉故事，弘扬"螺丝钉精神" ③ 在齿轮的画法部分，课堂总结时，展示国徽，由国徽上的齿轮展开爱国主义教育	① 提升标准化意识和知识产权保护意识，强化效率意识 ② 引导学生学习"螺丝钉精神" ③ 增强学生的爱国情怀

(续表)

教学进度 （项目/知识单元）	课程思政点	融入方式	思政育人 预期效果
任务四：典型零件图识读与绘制 	① 质量意识和成本意识 ② 爱岗敬业 ③ 保密意识	① 讲解零件技术要求时，引入大国工匠戎鹏强的对质量苛刻源于他唯一一次失误的故事，进行质量意识和成本意识教育，弘扬大国工匠爱岗敬业、精益求精的精神 ② 介绍零件图的重要性，强调泄露图纸对企业的危害，进行保密意识教育 ③ 在识读轴套类零件图活动中，以讲授案例图样为切入点，引入"图纸上面一条线，工人师傅一身汗"，通过老一代工程师绘图时反复修改、层层审核的故事，弘扬大国工匠爱岗敬业、精益求精的精神	① 提高学生的职业素养，具有较强的成本意识、质量意识和保密意识 ② 崇尚大国工匠爱岗敬业，建立岗位成才意识
任务五：简单装配图识读 	① 爱国情怀 ② 标准意识 ③ 团结精神	① 在讲授装配图规定画法及特殊表达时，强调按标准规范画图的重要性，培养遵守国标意识 ② 在讲授装配配合精度环节，引入大国工匠"秦世俊 0.01 毫米的较量"的思政案例，强化学生科技强国的责任担当意识 ③ 在分组拆装测绘过程中，培养团队精神和协作能力	① 强化学生遵守标准意识 ② 培养学生科技强国的责任担当意识 ③ 具有团队精神和协作能力

📋 典型教学案例

1. 课题名称

任务二：几何体三视图绘制——平面体三视图的绘制

2. 课题目标

【知识目标】

（1）能说出基本体的分类。

（2）能概述棱柱、棱锥、三视图的作图方法、步骤及其投影特性。

【技能目标】

会画棱柱、棱锥的三视图。

【素养目标】

（1）培养多方面、多角度地认识和分析问题的理性思维。

（2）养成认真细致、精益求精的工匠精神。

3. 案例阐述

本次课程选择被誉为"中国近代建筑之父"的梁思成作为思政案例。梁思成以严谨、勤奋的学风著称,1944 年梁思成开始撰写《中国建筑史》,这部著作对各时期建筑特征的分析和比较都远远超过了过去外国人对中国建筑的研究水平,达到了前人所没有达到的高度。1946 年 10 月,美国耶鲁大学聘请梁思成去讲学,他带着《中国建筑史》和同时完成的《中国雕塑史》的书稿、图片,以丰富的内容和精湛的分析得到了国外学术界的钦佩和赞扬。

通过展示梁思成绘制的建筑图,展现他在对古建筑的调查研究中,坚持测量力求细致,分析要有根据,绘图要严密,所出成果要与世界水平比高低的追求;在物质条件十分短缺的那个时代,梁思成靠大量的线描图来弥补照片的不足,让学生领悟他在治学、绘图中认真细致、精益求精的精神。正是他脚踏实地,把简单的事情做好、把平凡的事情做精的思想,使得抗战时期在中国西南地区的一个小山庄里完成了一部由中国人自己编写的《中国古代建筑史》,使中国古建筑这一瑰宝,终得拂去尘埃,重放异彩于世界文化之林。通过本案例,让学生感悟世界著名的建筑学家、大国工匠梁思成的可敬可佩。

4. 课题设计与实施

课题名称			任务二:几何体三视图绘制——平面体三视图的绘制	
教学环节	师生活动		教学内容与步骤	教学设计意图
	学生	教师		
新课导入	① 思索生活中的基本形体 ② 分析回答	① 提问 ② 概括	① 提问生活中的基本形体及水阀形体组成 ② 总结基本形体:棱柱、棱锥、圆柱体、圆锥体、球体 圆环 六棱柱 四棱柱 圆柱	① 引出本次课程学习任务 ② 培养学生的观察力
新课讲解	① 探究基本几何体分类 ② 观看动画 ③ 仿练三视图 ④ 小组讨论	① 讲解新知识点 ② 播放动画,实物展示,讲解、演示绘制三视图 ③ 展示梁思成绘制的永通桥图样,简介梁思成	**探究:** a. 基本几何体分类有哪些? b. 工程中的常见零件图样如何表达? ① 基本几何体的分类 分为平面体和曲面体两类。 棱柱　棱锥 平面体	① 培养学生多方面、多角度地认识和分析问题的理性思维 ② 引导学生养成认真细致、精益求精的工匠精神

（续表）

教学环节	师生活动		教学内容与步骤	教学设计意图
	学生	教师		
新课讲解		④ 组织学生讨论，引导启发学生，解读图样所蕴含的工匠精神	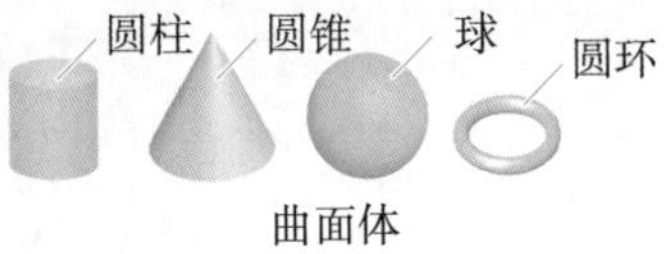 圆柱　圆锥　球　圆环 曲面体 **解惑：** ② 棱柱的投影 a. 棱柱形体特点 多边形上下底面、矩形侧面，垂直或平行于投影面。 b. 棱柱的三视图 六棱柱的三视图形成动画。 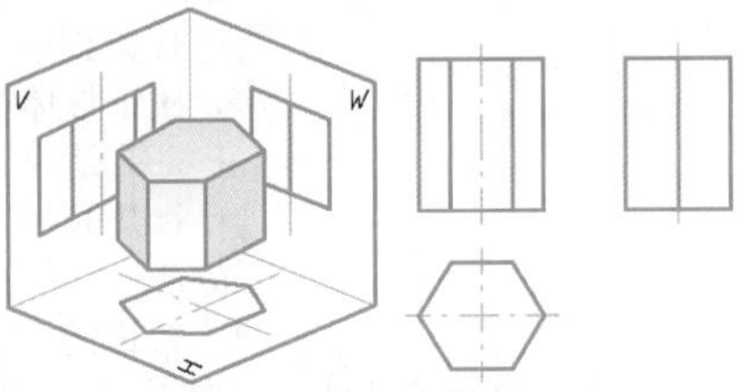 （a）　　　　　　（b） 以表达六棱柱需要三个视图的知识点，融入多方面、多角度地认识和分析问题的思维。 c. 棱柱的投影特点 ③ 六棱柱三视图的作图步骤 展示六棱柱三视图的作图步骤动画。 ④ 棱柱三视图的尺寸标注 包括底面边长和棱柱高。 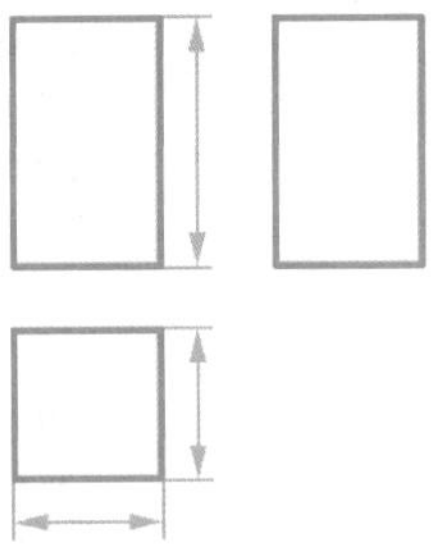 **仿练：**补全五棱柱的三视图。 **点评及思政：**展示梁思成绘制的永通桥图样，简介梁思成的成就，解读梁思成严谨、勤奋的学风及绘图中认真细致、精益求精的精神。	

（续表）

教学环节	师生活动		教学内容与步骤	教学设计意图
	学生	教师		
			小组讨论:在梁思成绘制的优秀图样中,工匠精神体现在哪些方面?	
新课讲解	① 观看动画 ② 仿练三视图 ③ 感悟	① 讲解新知识点 ② 实物展示,讲解、演示绘制三视图 ③ 播放动画 ④ 展示学生优秀图样,引导启发学生	**播放:** ① 棱锥投影 a. 棱锥形体特点 正棱锥是由一个多边形底面和若干个共顶点的三角形侧面所围成的。 b. 棱锥的三视图 四棱锥的三视图形成动画。 棱锥一个视图为一个正多边形,且反映实形,两个视图为三角形。 (a)　　　　(b) c. 四棱锥三视图的作图步骤 展示四棱锥三视图的作图步骤动画。 d. 棱锥三视图的尺寸标注 **仿练:**绘制三棱锥三视图。	通过绘图技能的训练,养成认真细致、精益求精的工匠精神
测试评价	测试	① 发布测试 ② 点评	测试 评价	增强信心、激发上进

5. 成效与反思

（1）成效:通过思政案例学习及学生绘图练习,引导学生认识到,精益求精的工匠精神并不仅仅是做惊天动地的大事,体现在学习态度上就是绘图的认真和严谨,从小事做起,把简单的事情做好就是不简单,把平凡的事情做精就是不平凡。在绘制棱柱三视图教学活动中组织学生讨论：梁思成绘制的优秀图样中工匠精神体现在哪些方面？在棱锥三视图绘制训练中通过进一步强化，让同学们对"敬业、精益、专注"从认识到强化递进，认真细致、精益求精的作风从激发到养成，做到在专业课程思政教育的"润物细无声"。

（2）反思：在课堂教学的过程中，结合生活、结合课程特点，甄选梁思成思政案例，巧妙、合适地融入图片、实物等教学资源作为辅助，价值引领做到有理有据、生动形象；选择生活中的零件为载体，使思政案例与学生切身相连，让同学们体会到课程思政的真切感和自然性，使"思政"与"课题内容"融合，达到"四两拨千斤"的育人效果。

参考文献

网易.永通桥，赵州桥的姊妹桥［EB/OL］.［2023 - 09 - 01］.https://www.163.com/dy/article/H0Q28KN90521LTV8.html.

电工电子技术课程思政教学设计案例

上海现代化工职业学院　　臧　欢
上海市工业技术学校　　陈丽英

课程基本信息

本课程是中等职业学校机电技术应用专业的一门专业核心课程,其任务是使学生掌握电工电子技术相关的基本概念和原理,具备常见典型电路安装、调运与维护的基本技能,为后续其他专业课程学习提供基础。在完成本课程相关学习任务中养成良好的安全规范意识,培养学生严谨细致、精益求精的工作态度,激发学生的自主创新意识和勇于拼搏的精神。

授课教师基本情况

臧欢,女,讲师,硕士研究生,主要从事电工电子技术、汽车电工电子技术等课程的教学。

陈丽英,女,讲师,工学学士,主要从事电工电子技术、电气控制技术、传感器与PLC技术等课程的教学。

课程内容简介

课程内容选取,紧紧围绕完成电路安装与调试工作任务所需要的职业能力。课程内容主要包括安全用电与触电急救、汽车信号灯电路的安装与调试、家用电路的安装与调试、扫地机器人充电电路的安装与调试、迷你音箱电路的安装与调试、三人表决器电路的安装与调试、24 s计数数码显示电路的安装与调试、抢答器电路的安装与调试。

课程思政教学目标

本课程思政教学以立德树人为根本任务,结合学校、专业培养要求和本课程特点,养成学生的安全用电意识,引导学生感悟欧姆、基尔霍夫等科学家的求知精神,培养学生严谨细致、精益求精的工匠精神,激发学生自主创新、科技报国的责任担当和奋勇拼搏的意志。

课程思政融入设计

　　本课程的总体设计思路以提升机电技术应用专业学生的专业技能为导向,依据岗位职业能力,遵循学生认知规律,结合课程内容的特点和典型工作任务,逐次递进融入思政元素,落实立德树人的根本任务。

教学进度 (任务/知识单元)	课程思政点	融入方式	思政育人 预期效果
项目一:安全用电与触电急救	安全意识	以安全用电的讲解为切入点,引入"敬畏规章　尊重生命"的思政案例,播放触电事故视频,并对视频中的触电原因及后果进行解析,强调安全用电的重要性,在后续学习项目中养成遵守规章、安全用电的习惯	引导学生树立安全意识,遵守安全操作规程
项目二:汽车信号灯电路的安装与调试	① 规范意识 ② 求知精神	① 以万用表的挡位转换为切入点,引入"某企业员工在用万用表检修卧式车床时,因万用表挡位选错,导致弧光短路伤人事故"的案例 ② 以基尔霍夫定律内容讲解为切入点,引入"科学家背后的故事,基尔霍夫的科学研究经历及其不断探索的科研态度"的思政案例,引导学生将基尔霍夫"心无旁骛、一心为学"的求知精神贯穿到后续的学习及工作中	① 具备规范操作意识 ② 具备"心无旁骛、一心为学"的求知精神
项目三:家用电路的安装与调试	严谨细致	在讲解日光灯线路的装接方法时,以正确安装接线为切入点,介绍大国工匠——"汾西矿业集团高阳煤矿机电师王斌俊"的思政案例,他用严谨细致的工作态度,通过孜孜不倦的钻研,从一名普通电工成长为大国工匠的故事,引导学生结合自身学习感悟大国工匠精神	养成严谨细致的工作态度

(续表)

教学进度 (任务/知识单元)	课程思政点	融入方式	思政育人 预期效果
项目四:扫地机器人充电电路的安装与调试	① 节能环保 ② 科技报国	① 在讲解半导体基础知识时,以半导体新材料碳化硅为切入点,介绍中国"碳达峰、碳中和"的目标,科普国家政策及未来工业发展方向,引导学生知道绿色低碳对中国未来工业发展的重要性 ② 讲授电容滤波过程时,以滤波技术在雷达中的应用为切入点,引入"吴剑旗院士研制出世界上首个反隐身米波雷达保家卫国"的思政案例,培养学生对中国先进科学技术的认同感和自豪感	① 树立绿色低碳、节能环保的意识 ② 激发科技报国的责任担当
项目五:迷你音箱电路的安装与调试	① 成本控制 ② 精益求精	① 以电路安装为切入点,巧妙设计元器件选型与验证环节,在满足电路功能要求的前提下通过对不同元器件的功能验证、性价比对比,突出强调节约成本的重要性 ② 以小组作品的展示环节为切入点,引入大国工匠"刘芳——巧手托起航天梦"的案例,她以强烈的使命感和责任感,精益求精、突破创新,圆满完成载人航天、探月探火星等多项重点型号高密度复杂电子产品的装配任务,引导学生学习其焊接过程中一丝不苟、精益求精的精神	① 借助元器件的选择,具备成本控制意识 ② 养成一丝不苟、精益求精的工作态度
项目六:三人表决器电路的安装与调试	① 自主创新 ② 团结协作	① 以电路仿真软件的使用环节为切入点,引入思政案例"嘉立创EDA的故事:十年磨一剑,嘉立创推出中国人自己的 PCB",引导学生讨论近几年国产品牌软件的市场突破及创新发展,使学生意识到创新的制高点在科技 ② 在电路的安装和调试实操过程中,根据任务要求对学生进行分组,"分角色—定任务",学生在小组合作中完成电路的安装与调试	① 激发自主创新意识 ② 增强团队协作意识

(续表)

教学进度 （任务/知识单元）	课程思政点	融入方式	思政育人 预期效果
项目七:24 s 计数数码显示电路的安装与调试 	民族自豪感	在组合逻辑电路教学环节,引入"国家并行计算机工程技术研究中心研制出神威·太湖之光超级计算机以超第二名近三倍的运算速度夺得世界第一"的思政案例,讲解数字电路推动中国集成电路快速发展,使学生感知中国科技力量的强大	增强民族自豪感
项目八:抢答器电路的安装与调试 	拼搏精神	在电路调试环节,引入大国工匠案例"李国强:平凡岗位钻研技艺,匠人匠心铸精品",他不断刻苦练就技能,利用空闲时间对设备进行改良和调试,引导学生学习其攻坚克难、勇于拼搏的精神	具备不言放弃、勇于拼搏的精神

📋 **典型教学案例（一）**

1. 课题名称

项目四:扫地机器人充电电路的安装与调试——直流稳压电源电路的搭建与调试

2. 课题目标

【知识目标】

（1）能描述直流稳压电源电路的工作原理。

（2）能阐述线路搭建与调试的方法。

【技能目标】

（1）能按照电路图正确搭建电路。

（2）会规范使用万用表和示波器测量电路。

（3）能够测量并绘制整流、滤波、稳压的波形。

【素养目标】

（1）具备安全规范操作意识。

（2）激发科技报国的责任担当。

3. 案例阐述

本次课题选择"中国吴剑旗院士研制出世界上首个反隐身米波雷达保家卫国"作为思政案例。1999年5月,美国利用B-2隐形战机轰炸了中国驻南斯拉夫大使馆,导致中国三名记者当场死亡,而美国却平淡回复:这是一次"误炸"。作为一名军人的吴剑旗极其愤怒。经过20年的努力,吴剑旗院士带领团队研制出了世界上首个反隐身先进米波雷达。2016年春节,全国人民都沉浸在春节的喜庆氛围中,突然有疑似某国F-22隐形战机的不明目标出现在中国东海防空识别区附近,反隐身米波雷达第一时间确认目标,战机紧急升空应对,让某国先进的隐形战机无处遁形,保卫了祖国海空安宁。

通过吴剑旗院士的故事,见证了中国硬核科技的力量,引导学生对中国先进科学技术产生认同感和自豪感,明白祖国的强大、科技的发展需要专业知识技能做支撑,激发科技报国的责任担当和青年使命。

4. 课题设计与实施

课题名称			项目四:扫地机器人充电电路的安装与调试 ——直流稳压电源电路的搭建与调试	
教学环节	师生活动		教学内容与步骤	教学设计意图
	学生	教师		
课前预习	① 查阅资料 ② 完成任务	① 发布任务 ② 线上答疑	① 复习已学知识点 ② 预习新知识点	① 养成预习新知识点的学习习惯 ② 具备利用各种学习资源自主学习的能力
课中复习	回答问题	提问并反馈	复习: ① 二极管、电容、稳压管的型号及极性识别的方法 ② 交流电与直流电的区别	巩固所学知识点,为新的学习任务做好铺垫,养成温故知新的习惯
任务导入	① 思考问题 ② 接受任务,明确任务要求	① 播放图片 ② 引出问题 ③ 发布任务,提出要求	① 展示扫地机器人图片 ② 引出问题:扫地机器人充电时需要14.2 V的稳定直流电,如何将220 V的交流电变为扫地机器人所需的稳定直流电? ③ 布置任务:搭建调试直流稳压电源电路	① 以生活实例导入任务,增强学习兴趣 ② 明确任务内容

(续表)

教学环节	师生活动		教学内容与步骤	教学设计意图
	学生	教师		
任务实施	① 分组搭建整流电路 ② 绘制波形、测量数据	① 讲解单相桥式整流电路的工作原理 ② 强调安全注意事项 ③ 巡回指导	教学活动一:单相桥式整流电路的搭建与装调 ① 在电子实验平台上选取合适的元件,按照单相桥式整流电路原理图搭建电路 ② 用双踪示波器分别测量 U_2、U_O 的波形,将波形绘制在任务单上 ③ 用万用表测量 U_2、U_O 的数值,将结果填入任务单中 ④ 掌握单相桥式整流电路的工作原理	将理论与实践相结合,通过整流前后的波形明显对比,结果直观,明白整流的过程,突破难点
	① 分组搭建电容滤波电路 ② 绘制波形、测量数据	① 强调安全注意事项 ② 巡回指导 ③ 讲授滤波的工作过程,引入思政案例	教学活动二:电容滤波电路的搭建与调试 ① 整流后的脉动直流电波波动较大,要减小波动怎么办?继续通过任务来验证 ② 根据原理图,选择合适的电解电容接入电路中 ③ 用双踪示波器测量 U_O 的波形,将波形绘制在任务单上 ④ 用万用表测量 U_O 的值,填入任务单中 ⑤ 了解电容滤波的工作过程 ⑥ 由滤波技术在雷达中的应用,讲授吴剑旗院士研制出世界上首个反隐身米波雷达的思政案例 ⑦ 引发学生思考并讨论,如何将所学知识与国防科技相结合	① 通过滤波前后的波形明显对比,结果直观,进一步突破难点 ② 激发科技报国的责任担当

（续表）

教学环节	师生活动		教学内容与步骤	教学设计意图
	学生	教师		
任务实施	① 分组搭建稳压电路 ② 绘制波形、测量数据	① 强调注意事项 ② 巡回指导 ③ 讲授稳压管的稳压作用	教学活动三:稳压管稳压电路的搭建与调试 ① 滤波后的电压波动减小了,但是怎样得到稳定不变的直流电呢?继续通过任务来验证 ② 根据原理图,选择合适的稳压管及限流电阻接入电路中 ③ 用双踪示波器再次测量 U_O 的波形,将波形绘制在任务单上 ④ 用万用表测量 U_O 的值,填入任务单中 ⑤ 了解稳压管的稳压作用	① 通过稳压前后的波形明显对比,结果直观,理解稳压管的稳压作用 ② 通过强调操作过程中的注意事项,增强学生的安全规范意识
交流与小结	① 思考、回答问题 ② 整理实训台	① 提问、归纳总结 ② 任务点评 ③ 强调实训室6S管理制度	① 以波形图的变化,总结单相桥式整流、电容滤波、稳压管稳压电路的工作原理 ② 总结交流电到稳定直流电的变化过程 ③ 针对学生在操作中存在的问题进行点评	① 再次巩固本次课程的知识要点、难点 ② 养成整理整顿的好习惯,提升职业素养
作业布置	记录作业	布置作业	思考:直流稳压电源还有哪些方式可以实现?	巩固本次课程所学知识点,预习新知识点,为下次课程做准备

5. 成效与反思

（1）成效:在教学设计过程中,在滤波电路讲解环节,通过融入"吴剑旗院士研制出世界上首个反隐身米波雷达保家卫国"的案例,见证中国硬核科技的力量,引发学生对中国先进科学技术的认同和自豪感,在接下来电路的安装与调试操作过程中,让同学们意识到科技创新的重要性,激发科技报国的责任担当和青年使命。

（2）反思：在课程思政教学实施的过程中，巧妙地选择思政案例并融入思政元素，专业课程教育与思政教育同向同行，但课程思政元素的融入方式较为单一。在后续的课程教学过程中，将持续探索多元的融入方式，以期达到更好的思政育人效果。

典型教学案例（二）

1. 课题名称

项目六　三人表决器电路的安装与调试

2. 课题目标

【知识目标】

（1）能阐述三人表决器电路的逻辑电路图确定方法。

（2）能解释三人表决器电路的安装与调试过程。

【技能目标】

（1）能分析三人表决器电路的功能并画出逻辑电路图。

（2）能根据逻辑功能图选择元器件并列出元器件清单。

（3）能使用嘉立创 EDA 仿真软件搭建三人表决器电路并验证电路功能。

（4）能完成三人表决器电路的安装与调试。

【素养目标】

（1）具备团结协作的工作素养。

（2）激发国产品牌意识和自主创新、科技报国情怀。

3. 案例阐述

本次课程选择"嘉立创 EDA：十年磨一剑，嘉立创推出中国人自己的 PCB"为思政案例：众所周知，中国半导体产业正面临着各式各样"卡脖子"的局面；而在这些"卡脖子"环节中，处于产业链上游的 EDA 软件、设备、材料尤为关键。EDA 软件作为集成电路领域的上游基础工具，由于其不可替代性，被誉为芯片行业的"工业母机"。就是这样一个极为重要的产业，在中国却长期处于空白状态。直到近几年在外部环境的"倒逼"下，终于出现了嘉立创 EDA、华大九天等产品并成功打破海外巨头的垄断。嘉立创 EDA，经过 12 年的研发和打磨，这款完全由中国人独立开发、拥有自主知识产权的 PCB 板级设计软件在电子工程师、教育者、学生、电子制造商和爱好者中拥有广泛的"群众基础"。

通过嘉立创 EDA 的自主研发故事，引导学生知道一款产品从诞生到真正具备竞争力通常需要很长时间，尤其对于 EDA 软件来说，更是需要大量应用场景持续打磨。未来，国产 EDA 依然需要面临核心算法有差距、企业切换难度大等困难，将来作为一名电工电子类技术人员，要为国产软件的市场突破奉献自己的一份力量，激发学生树立国产品牌意识、自主创新和科技报国情怀。

4. 课题设计与实施

课题名称			项目六　三人表决器电路的安装与调试	
教学环节	师生活动		教学内容与步骤	教学设计意图
	学生	教师		
课前 课前预习	查看资源并预习	上传学习资源包	① 学习平台:课前预习资源包（PPT、工作页、任务工单等） ② 学习平台:三人表决器的操作视频——党史知识竞赛裁判表决操作	培养自主学习能力
课前自测	① 预习答题 ② 查看反馈	① 设置平台任务点 ② 分析后台数据	预习资源包后在线答题: ① 为设计三人表决器电路,电路的输入信号有（　）个,输出信号有（　）个 ② 在三人表决器电路中会用到哪些逻辑电路	培养学生按时完成、实事求是的学习态度
课中 任务导入	① 观看视频 ② 思考讨论并回答问题 ③ 接受任务并记录	① 播放短视频 ② 引出问题 ③ 发布任务并强调任务要求	① 播放视频:学校党史知识竞赛过程中三个裁判举手表决 ② 引出对比:举手表决有哪些弊端,电子表决器能解决哪些困扰 ③ 发布任务:请同学们为学校党史知识竞赛活动设计出一款三人表决器,功能要求如下:至少有两个裁判通过则认定为通过	① 提升科技服务社会的意识 ② 明确任务内容
任务分析	① 分析并记录 ② 填写工作页并展示解说 ③ 仿真验证	① 巡回指导 ② 提问点评 ③ 讲解总结	① 分析电路的功能要求,并进行逻辑赋值 ② 根据逻辑要求填写真值表并展示 ③ 根据真值表写出逻辑函数表达式并化简 ④ 根据最简表达式画逻辑电路图 ⑤ 对比三种设计方案(74LS00、74LS74、FPGA),学生思考并讨论 FPGA 芯片在电路中应用的优势 ⑥ 使用嘉立创 EDA 仿真软件验证所设计电路功能,巡回指导学生仿真验证过程	① 识记三人表决器电路的设计方法和思路 ② 培养逻辑思维能力、口头表达能力和学习自信 ③ 完成电路仿真验证 ④ 树立国产品牌意识、自主创新和科技报国情怀

教学环节	师生活动		教学内容与步骤	教学设计意图
	学生	教师		
课中	任务分析			⑦ 引入"嘉立创 EDA"的故事:国产嘉立创 EDA——一个用心为中国人定制的电路板开发平台;十年磨一剑,嘉立创 EDA 推出中国人自己的 PCB ⑧ 组织学生思考并讨论,将来作为一名电工电子类技术人员,要如何为国产软件的市场突破奉献自己的一份力量	
	任务计划	① 讨论并分组 ② 制定计划 ③ 展示计划 ④ 优化计划	① 组织分组 ② 巡回指导 ③ 点评计划	① 分组分工 两人一组,并明确责任 ② 制定计划,展示组内计划并做说明 确定需要逐步完成的内容,并明确各步骤负责人和完成人及对应时间	① 培养团队意识、责任意识和大局意识 ② 提升计划制定能力和沟通能力
	任务实施	① 领料并检测 ② 整形并安装 ③ 通电并调试	① 强调安全规范 ② 巡回指导 ③ 点评总结	① 强调安全规范 ② 安装准备 列出元件清单,并分工进行领取,一人领料,另一人做好电路安装准备 ③ 电路安装 A:检测元件　B:元件整形 C:元件焊接　D:焊接修正 ④ 电路调试 A:通电观察电路是否能满足要求功能; B:如有问题,检查故障,借助仿真,并尝试排故。 介绍电路常见故障并分析产生故障的原因	① 完成三人表决器电路的安装与调试 ② 培养严谨认真、实事求是的工作态度
	任务评价	自评互评	① 组织评价 ② 点评评价	① 结合任务完成情况,学生填写自评单和互评单 ② 教师点评各小组并进行总结	培养学生诚信的职业道德

(续表)

教学环节	师生活动		教学内容与步骤	教学设计意图
	学生	教师		
课后	巩固练习	① 完成测试 ② 查缺补漏	① 上传巩固练习任务 ② 查看并反馈	学习平台测试题目 ① 根据本次电路设计绘制出你所设计电路的电路图并上传 ② 如果其中一位裁判为主裁判,那么其功能如何实现,请选择	养成及时巩固、查缺补漏的学习习惯,并拓展思维
	拓展提升	① 接受任务 ② 查阅资料并设计电路,分享至平台交流	设置拓展任务点	如何设计一款"带主裁判"的三人表决器,请大家思考并画出逻辑电路图,然后使用 EDA 仿真软件完成功能的验证	培养学生的知识迁移能力

5. 成效与反思

(1) 成效:通过引入"国产嘉立创 EDA——一个用心为中国人定制的电路板开发平台"的思政案例,让学生认识到中国的 EDA 行业其整体技术水平与国际 EDA 巨头还存在较大差距,自给率低,将来作为一名电工电子类技术人员,意识到自己所学专业知识技能将来也能为国家科技发展贡献力量,具备励志投身、不断探索的奋斗意识和时代责任感,树立国产品牌意识,激发自主创新和科技报国情怀。

(2) 反思:在课堂教学的过程中,还需进一步挖掘本项目中蕴含的课程思政要素,结合课程内容更加巧妙地设计课程思政切入点,做到"润物细无声",将思政案例与专业相融,达到事半功倍的育人效果,更好地践行"匠心为本、精益创新"的工匠精神。

参考文献

[1] 搜狐.【安全知识】触电事故频发,电工作业时如何保障自身安全?[EB/OL]. 2019 - 04 - 18[2023 - 10 - 16]. https://www.sohu.com/a/308918699_164473.

[2] 免费文档中心. 第三章 复杂电路 S 3 - 1 基尔霍夫定律(劳动版 电工基础)[EB/OL]. [2023 - 10 - 16]. https://www.mianfeiwendang.com/doc/27c73e1e99ee5037cebc8f14.

[3] 文档下载. 日光灯工作原理图[EB/OL]. [2023 - 10 - 16]. https://doc.wendoc.com/b26c9c3b21130ce75894f3d79.html.

[4] 阿里巴巴. 三人表决器电路[EB/OL]. [2023 - 10 - 16]. https://www.1688.com/zhuti/-b5e7d7d3bdccd1a7ccd7bcfe.html.

[5] 天猫. 24秒计数数码显示电路[EB/OL]. [2023 - 10 - 16]. https://www.zhe2.com/note/595961547959.

液气压系统安装与调试课程思政教学设计案例

上海现代化工职业学院　俞　婕

课程基本信息

本课程是上海市中等职业学校机电技术应用专业的一门专业课程。其功能是使学生掌握液气压系统在机电设备中应用的基础理论知识,正确使用液气压元件,以及液气压传动系统安装、调试和系统的故障诊断、排除等基本技能。培养学生具有良好的团队协作性和自主探究能力,并严格遵守液气压系统工作规范,逐渐具备较强的责任感和严谨的工作作风,并激发学生技术报国的使命担当。

授课教师基本情况

俞婕,女,高级讲师,工程硕士,主要从事机电技术应用专业机械基础、液气压系统安装与调试、传感器技术应用等课程的教学。在本学科领域具有丰富的教学研究和实践经验。

课程内容简介

课程内容选取,紧紧围绕完成液气压系统安装与调试课程所需的综合职业能力为培养目标,通过液气压系统认知、液压系统安装与调试、气动系统安装与调试三个模块,以工业及生活实例进行知识点和技能点的有机融合,通过理论与实操一体化训练达到课程学习目标。

课程思政教学目标

本课程思政教学以立德树人作为根本任务,结合专业培养目标及课程特点,培养学生树立安全规范、节能环保意识,具有爱国情怀、责任意识、团结协作精神。在液气压回路安装调试训练中,增强学生对工作的责任心和探索创新精神,激发学生技术报国的家国情怀和使命担当。

课程思政融入设计

教学进度 （任务/知识单元）	课程思政点	融入方式	思政育人 预期效果
模块 A:液气压系统认知 任务一:液气压系统技术发展应用及能量流分析	① 使命感和责任感 ② 职业认同	① 在课程引入环节,介绍目前国内外液气压行业的发展状况以及中国的智能制造发展目标,分析中国液气压技术高质量发展对中国经济发展的意义 ② 在讲解液压系统能量流知识点环节,观看典型生产视频,以食品行业中气动技术应用、汽车制造业中液压技术应用为例,感受科技智能制造之美	① 引导学生感受中国制造业高质量发展需要肩负的使命感和责任感 ② 感受技术改变生活,培养学生对职业的热爱
模块 A:液气压系统认知 任务二:流体参数的计算	① 爱国情怀 ② 文化自信	在流体特性介绍中,引入中国古代工程流体力学领域的成就:4 000 多年前中国传统文化"大禹治水"中的流体特性体现,公元前 256 至公元前 210 年修建历史上著名的都江堰、郑国渠和灵渠三大水利工程应用案例等。充分阐释了中华民族顺水之性、利用风力服务于农业生产的伟大智慧和伟大创举	① 通过优秀传统文化发展,激发学生强烈的民族自豪感 ② 使学生逐渐树立对中国科学文化的自信自强的精神
模块 B:液压系统安装与调试 任务一:液压泵的启停及维护	① 安全与规范 ② 节能环保	① 在液压泵实训环节,以液压泵站安全事故案例为切入点,引导学生重视液压设备安全规范 ② 通过介绍液压油带来的污染,引导学生重视节能环保	① 引导学生养成严格遵守操作规范和工作标准的良好行为习惯 ② 树立安全规范环保的职业意识

（续表）

教学进度 （任务/知识单元）	课程思政点	融入方式	思政育人 预期效果
模块B：液压系统安装与调试 任务二：液压换向回路的安装与调试 	① 标准意识 ② 科技强国	① 在讲授液压与气动系统图形符号环节，讲解回路原理图绘制时必须符合"国家标准、行业标准"，引导学生遵守工程规范与标准 ② 在液压换向回路安装与调试实操环节，引入思政案例——亚洲第一自航绞吸挖泥船"天鲲号"，以液压方向控制阀实现对其绞刀、横移、定位桩等的运动方向控制，以及"天鲲号"的科技创新、在南海造岛中应用和南海造岛重大意义	① 引导学生在绘图中严格遵守工程规范与国家标准 ② 激发学生科技报国的热情
模块B：液压系统安装与调试 任务三：液压调压回路的安装与调试 	① 科技报国 ② 工匠精神	① 以液压系统压力控制为切入点，引入国产万吨级水压机的案例——新中国第一台万吨级水压机，其不但是液压控制系统的重型装备由仿造走向自行设计制造的标志，更突破了冶金、化学、机械制造等多项技术难题 ② 在液压调压回路安装与调试实操总结与提升环节，融入大国重器8万吨锻模液压机首位操作者——叶林伟的成长故事，介绍其如何从一名普通操作工成为压力机操作手，以生动案例诠释"中国工匠"	① 以新中国第一台水压机的情景案例激发学生科技报国的志向和使命担当 ② 通过大国重器中液压设备的研发故事，弘扬工匠精神
模块C：气动系统安装与调试 任务一：气动回路的设计与功能仿真 	① 工程美学 ② 探索精神	在气动回路抄绘练习环节，引入飞机舱门启闭气动回路。飞机是空气动力学的典型设备，且液压、气动控制应用于飞机的多项领域。特别介绍国产大飞机C919设计案例。C919是中国第一款完全按照国际标准研发的大型干线客机，在中国民航发展史上有重要的意义	① 通过气动回路设计让学生体会工程设计中的工程美学理念 ② 利用国产大飞机的故事弘扬民族精神，激发学生的探索精神

（续表）

教学进度 （任务/知识单元）	课程思政点	融入方式	思政育人 预期效果
模块C:气动系统安装与调试 任务二:气动安全控制回路的安装与调试 同时按下两个按钮	① 以人为本 ② 工程思维 ③ 责任意识	① 在任务引入环节介绍冲压生产是常见连续重复作业,大部分中小企业采用手工操作,工人长期重复操作容易产生松懈或疲劳事故,大型设备如配合不协调也容易引发事故。通过实际案例及设备控制要求,强化以人为本的安全生产意识与责任意识 ② 通过仿真设计和实操验证,对比不同安全功能回路的设计方案,引导学生从功能和成本等多角度考虑,选择最优控制方案	① 通过案例使学生树立以人为本的安全生产意识 ② 培养对自己和他人、企业的责任感 ③ 在回路设计中培养学生工程问题解决的思路和创新思维

典型教学案例

1. 课题名称

模块 B:液压系统安装与调试

任务三:液压调压回路的安装与调试

2. 课题目标

【知识目标】

(1) 能说出压力控制阀的名称及主要控制对象。

(2) 会绘制压力控制阀的图形符号。

(3) 能区分减压阀和顺序阀的功能。

(4) 能根据控制图说出压力控制回路的工作过程。

【技能目标】

(1) 能识读液压系统原理图,进行元件选择及工作准备。

(2) 能按图施工,连接液压压力系统控制回路,并进行调试。

(3) 能根据控制要求设定多级调压的压力设定,达到控制功能。

(4) 具备初步的液压回路常见故障判断、排除能力。

【素养目标】

(1) 具备严谨规范的工作态度。

(2) 激发学生科技报国的志向和使命担当。

(3) 体会不断进取、追求卓越的工匠精神。

3. 案例阐述

压力控制是液压设备的典型控制回路,应用范围广,在大型设备制造中重型液压机发挥着重要作用。本次课程选择大国重器——万吨级水压机的自主研发为思政案例，培养学生技能报国的志向和使命担当、不断探索的创新精神。在操作训练总结提升环节，以"天府工匠——叶伟林"的故事诠释工匠精神，鼓励学生在学习中不断进取、克服困难、成就自我。

在课堂引入环节介绍国产万吨级水压机的案例，1962年中国自行设计制造的第一台万吨级水压机——12 000吨自由锻造水压机建成并正式投产，它支撑了中国一个历史时期国民经济的发展和国防安全的需要。它是中国第一台万吨级水压机（图1），不但是液压控制系统的重型装备从仿造走向自行设计制造的标志，而且彻底改变了大型锻件依赖进口的局面，更突破了冶金、化学、机械制造等多项技术难题。它不仅是"中国工匠"一词的最佳诠释，也是当时工业发展的一剂强心针。

图1　第一台万吨级水压机

在总结提升环节中，为了鼓励学生面对困难、困惑不断进取的学习态度，引入中国8万吨级世界最大锻模液压机首位操作手——叶林伟的成长故事。8万吨模锻液压机采用了先进的液压驱动，并配置了高端的伺服系统。设备具有总长10公里的液压管道，遍布着上千个阀体、管道、油箱和增压器等液压元件。叶林伟肩负大压力机锻造大飞机"钢筋铁骨"的时代使命，"那个时候我白天在单位上班，配合调试工作，晚上下班后就把8万吨的液压原理图带回家学习"。经过2 000多个日夜，将艰涩技术了如指掌，叶林伟实现"零基础"的完美蜕变——顺利通过各方组织技术考核，光荣地成为8万吨模锻液压机的操作手（图2）。

图2　国产8万吨模锻液压机操作手——叶林伟

正是有了许许多多像叶林伟这样优秀的制造业工匠，让世界顶级模锻压力机能够顺利研发，支撑了中国重工业发展，为国家航空航天事业等重点领域发展做出了重大贡献。

4. 课题设计与实施

课题名称			任务三:液压调压回路的安装与调试	
教学环节	师生活动		教学内容与步骤	教学设计意图
	学生	教师		
项目引入	① 信息资料查询 ② 交流讨论	① 引导思考 ② 组织交流 ③ 点明本次课程学习目标	① 安全教育 ② 案例引入:在新中国成立初期,国家重工业发展中的大型锻件长期依赖进口,由江南造船厂担任重任,克服重重困难,牵头研制了国内第一代万吨级水压机,它支撑了中国一个历史时期国民经济发展和国防安全的需要 ③ 讲解液压锻造机的基本原理、功能,引出压力控制的要求	① 培养学生的安全规范意识 ② 明确本次课程学习任务 ③ 培养学生以专业学习科技报国的情怀
基础知识	① 接纳吸收知识 ② 自主查询学习	① 重点知识讲授,解决教学目标重点 ② 引导学生完成学习单上知识检验相关题目	① 教师讲解压力控制元件如溢流阀、压力顺序阀的原理、符号及连接方式;并让学生完成学习单上的相应内容 ② 教师讲解并分析一级调压、二级调压控制方法 ③ 学生能够识读基本压力控制回路,在学习单上写出控制原理与过程	新知识学习,使学生具有完成项目所需知识水平,为后续回路仿真及实践操作环节做好铺垫
实践操作	① 按照学习单要求以小组为单位进行实操训练 ② 小组协作共同完成任务要求	① 任务布置 ② 技术难点的示范演示 ③ 巡回指导	① 识读液压机液压控制原理图,填写元件清单,并进行相关准备工作 ② 按照回路图进行实操训练,完成元件选型、回路安装、调试运行、参数设定等要求 ③ 完成运行记录表及故障调试记录	① 通过元件清单填写、工作情况记录表、故障记录及排查表等建立学生认真规范的操作习惯 ② 培养学生分析问题、解决问题的能力
总结提升	① 问题解决汇报与交流 ② 完善学习单	① 任务总结 ② 案例分享,组织讨论	① 学生操作任务结果展示,交流故障现象及排除的思路 ② 工匠案例分享:四川"天府工匠"叶林伟——8万吨模锻压力机操作手的成长故事。作为首位操作手,他和团队成功锻压制造了某大型客机起落架关键承力构件,代表了中国模锻件最高制造水平 ③ 引导学生思考:成为"工匠"具有哪些素养,如何传承工匠精神	① 培养学生发现问题、积极思考、解决问题的能力 ② 体会不断进取、追求卓越的工匠精神,思考如何从自身实际行动出发,成为一名优秀的制造业人才

（续表）

教学环节	师生活动		教学内容与步骤	教学设计意图
	学生	教师		
思考与评价	① 自评互评 ② 现场环境整理	教师点评	① 通过多元评价表进行互评和自评 ② 学生将实训台进行清洁和整理 ③ 填写任务总结报告	① 培养学生诚信的职业道德 ② 培养学生注重环保的意识

5. 教学反思

（1）成效：在本课程引入环节通过中国第一台水压机的自主设计创新制造案例，让学生感受液压装备在国家发展中的重要性，以及老一代科学家和工程师如何在各种资源匮乏情况下，设计和制造完成第一台 12 000 吨水压机，学生在生动的实例中感受液气压技术的重要性，激发了对专业知识的热爱和以技术报国的志向与使命担当。并且，在本课程学习中认真仔细、积极思考、团结协作，为本次课程学习效果做了良好的铺垫作用。

在总结交流环节中，同学们从"天府工匠"——8 万吨模锻压力机操作手叶林伟的故事中，体会到作为一名未来的制造业人才，面对挑战不断学习进取，不但是自己职业发展中必备的优秀素养，也是工匠精神传承中的核心要素。

（2）反思：在专业课堂教学中，思政素材的选取和融入设计是保障效果的根本。思政素材的选取不但需要符合本次课程思政目标，更要与学习内容匹配，具有代表性、时代感。如果案例和素材能够结合中职生的心理发展、符合行业发展的热点，则可以起到事半功倍的效果。同时教学设计中科学合理地运用素材，并与教学活动相辅相成，有机融合才能达到"润物细无声"的育人效果。总之，教师在平时课堂教学实践中需要不断总结、勤于积累，从而提升自己的思政教学素养。

参考文献

[1] 王玲娟,刘萍. 融合思政教育的"液压与气动"课程教学探索与实践[J]. 机电教育创新,2021,4(8)：157 - 158.

[2] 吴玉琴,李荣芳. 课程思政理念下专业课程教学改革探究——以液压与气压传动课程为例[J]. 南通航运职业技术学院学报,2021,20(1)：4.

电气与PLC控制技术课程思政教学设计案例

上海现代化工职业学院　胡翠娜

课程基本信息

本课程是中等职业学校机电一体化专业的一门专业核心课程,以气器控制技术和可编程控制技术为核心,集计算机技术、自动控制技术和网络通信技术于一体。其功能是使学生通过学习,具备以可编程控制器(PLC)为核心设备的电气控制系统的硬件系统设计、软件程序编写和调试的综合应用能力,并养成安全操作规范的职业习惯和PLC系统设计理念,为学生学习后续机电一体化综合应用课程做前期准备。

授课教师基本情况

胡翠娜,女,高级讲师,工程硕士,主要从事机电专业电气部件与组件的安装与调试、电气与PLC控制技术、电气制图、机电设备系统安装与调试等课程的教学。

课程内容简介

课程内容选取,紧紧围绕完成电气与PLC控制技术所需的综合职业能力为培养目标。课程主要内容包括常用低压电器的认识和选用,三相笼形异步电动机基本控制电路的分析、安装与调试,S7-1200 PLC的认识,S7-1200 PLC程序设计基础,S7-1200 PLC常用指令的应用,典型PLC控制系统的设计、安装与调试。

课程思政教学目标

基于智能制造行业对人才需求的改变,将本专业"工学结合、学以致用"的育人理念融入人才培养全过程,确定课程思政总体目标为培养学生具备规范操作意识、兼顾安全和效率的PLC设计思维、品牌竞争意识、求实务新的创新精神、追求卓越精益求精的工匠品质。

课程思政融入设计

确定每个工作任务的课程思政点,挖掘蕴含的思政元素,通过企业案例分析、实事热点点评、前沿科技展望、技术发展预测和工匠精神传承等,来开拓视野、激发学生的学习兴趣,提升学生的综合素养。

教学进度 （任务/知识单元）	课程思政点	融入方式	思政育人 预期效果
任务一:常用低压电器的认识和选用 	① 安全意识 ② 使命感与责任感	① 在讨论电气安全操作规程时,可以观看应急处置触电事故、电气火灾等微课程资源,讨论最优解决方案 ② 在介绍低压电器元件的种类和功能时,可以观看中国低压电器制造企业的宣传视频,感受中国低压电器企业制造的强大和崛起	① 认识安全生产、规范操作的重要性,养成电气安全操作的职业习惯 ② 激发中国制造业高质量发展需要的使命感和责任感
任务二:三相笼形异步电动机基本控制电路的分析、安装与调试 	① 规范操作意识 ② 工程逻辑思维	① 可以利用仿真软件让学生搭建电路,在搭建过程中,如果出现故障现象,就会直观看到后果。这样的仿真模拟故障现象能够让学生意识到安全、规范的重要性 ② 通过电气原理图的分析,培养学生反复验证修改的耐心,系统设计提高学生全面看待问题、解决问题的能力	① 养成严格遵守操作规范和工作标准的良好行为习惯,树立规范操作意识 ② 建立结构性以及系统性处理问题的能力
任务三:S7-1200 PLC 的认识 	① 品牌意识 ② 创新精神	在介绍 PLC 的发展历史时,通过视频"浅析国产 PLC 现状"了解国内外 PLC 的发展现状和技术差异,在对 PLC 硬件的学习和认知过程中,找到技术发展的瓶颈	① 激发赶超世界先进水平、做大做强自主品牌的意识 ② 养成善于钻研的创新精神
任务四:S7-1200 PLC 程序设计基础 	① 竞争意识 ② 设计思维	在课堂上根据工作要求,学生分组设计、制定顺序功能图并展示成果,各组互相点评分析设计的优缺点	深刻领会团队合作精神、竞争意识,以及部分和整体的关系相融合的重要性

(续表)

教学进度 （任务/知识单元）	课程思政点	融入方式	思政育人 预期效果
任务五：S7 - 1200 PLC 常用指令的应用	① 知行合一 ② 求实务新	① 通过一个关于"安全与效率"的工程实例，代入各种指令的讲解应用，让学生学会从企业实际需求出发思考设计方案；强调程序代码的简洁和易操作，强调设计的稳定性，尽量减少故障率 ② 学习的理论知识一定要在实践中检验。可以用王阳明"知行合一"理论解释理实一体化的重要性。该理论包括两个层面，"知是行之始，行是知之成""真知即所以为行，不行不足以谓之知"	① 养成知行合一、求实务新的职业素养 ② 养成精益求精、科学严谨的工作态度
任务六：典型 PLC 控制系统的设计、安装与调试	① 民主和谐 ② 精益求精	① 以 2～4 位学生为一组，完成资料查询收集；通过小组研讨确定方案；分工合作制定 I/O 分配表、硬件设计、程序设计与调试；最后相互测评 ② 在研讨和优化程序代码时，可以观看中铁建电气化局集团南方公司电气化工匠周双全、上海市首席技师电气工匠徐骏的介绍视频，他们都以严谨的工作态度，做好每一个细节，把小事做到极致，在精益求精中实现了匠人价值	① 体会团队合作中民主和谐的重要性 ② 敢于改革传统模式，提倡工匠精神，寻找最优解决方案

典型教学案例

1. 课题名称

任务三　S7 - 1200 PLC 的认识

2. 课题目标

【知识目标】

（1）能正确描述 PLC 的产生与发展。

（2）能说出 PLC 的典型供应商与产品。

（3）能简述 PLC 的特点及应用领域。

（4）能说出 PLC 的主要性能指标。

（5）能说出中央处理器（CPU）、存储器、输入/输出接口、电源、通信接口等部件的功能。

【技能目标】

（1）能判断软件安装的计算机条件。

（2）能正确安装博图软件和仿真软件。

（3）能根据控制系统的类型和规模完成硬件组态。

【素养目标】

（1）具备赶超世界先进水平、做大做强自主品牌的意识。

（2）具备善于钻研、敢于创新的精神。

（3）养成操作规范意识和细心严谨的工作态度。

3. 案例阐述

本次课程选取"浅析国产 PLC 现状"作为思政案例。在长期由进口 PLC 主导的环境中，国产 PLC 在中小型机型上发展迅速，包括运动速度、I/O 扩展数量上都达到了中型 PLC 的量级，同时通信功能也逐步强大，比如以太网、现场总线之间的通信速度都不输世界头部品牌。但在 PLC 大型机型上就存在较大差距，例如在核电领域、航天航空应用上，完全依赖进口机型。

因此中国一直倡导要"自主可控"，即掌握核心控制器技术、核心人工智能算法等，也是现今智能制造行业发展的当务之急。通过观看视频，了解和分析国产 PLC 的发展现状，让学生感受到国内外的发展差异和紧迫感，激发学生赶超世界先进水平、做大做强自主品牌的意识。

4. 课题设计与实施

课题名称			任务三：S7-1200 PLC 的认识	
教学环节	师生活动		教学内容与步骤	教学设计意图
	学生	教师		
咨询	① 课前预习 ② 资料收集	利用网络学习平台，发布预习任务	① 布置任务：根据以往所学知识，结合所查阅的资料，归纳继电控制的缺点和相应 PLC 控制的优点；了解 PLC 的产生与发展 ② 学生收集完成本次任务需要用到的相关信息	① 培养学生收集信息的能力 ② 明确本任务所需的新知识

（续表）

教学环节	师生活动		教学内容与步骤	教学设计意图
	学生	教师		
计划	① 实事热点点评 ② 填写工作页 ③ 成果展示	① 讲解新知识点 ② 教师引导学生完成工作页中的题目 ③ 播放课程思政案例视频 ④ 引导学生思考	① 学生分组讨论 PLC 的特点及应用领域：开关量逻辑控制、运动控制、闭环过程控制、数据处理、通信联网 ② 教师讲解 PLC 的主要性能指标 ③ 学生展示每组绘制的 PLC 基本结构图，分析各部分的功能意义；S7 - 1200 的 CPU 有 3 种不同型号：CPU1211C、CPU1212C 和 CPU1214C。每一种都可以根据机器的需要进行扩展。任何一种 CPU 的前面都可以增加一块信号板，以扩展数字量或模拟量 I/O，而不必改变控制器的体积 ④ 教师讲述品牌故事、播放"浅析国产 PLC 现状"视频，看到国产 PLC 的发展瓶颈，提出为何要倡导"自主可控"	通过视频，让学生感受到 PLC 在国内外的发展差异和紧迫感，激发学生赶超世界先进水平、做大做强自主品牌的意识
实施	安装与调试	① 演示示范 ② 巡回指导	活动1：博图软件安装（安装步骤需要学生自主学习操作说明手册，可能遇到问题和操作失败时，需要学生善于钻研，寻求解决方法，不要轻易放弃） ① 软件功能 ② 安装要求 ③ 安装 TIA Portal v15 活动2：硬件组态（根据工作要求选择相应的部件和设定参数，没有标准答案只有最优方案，这有利于培养学生敢于创新的精神） ① 创建项目 ② 认识项目分层结构 ③ 设置项目属性 ④ 放置硬件对象，完成组态 	① 培养学生善于钻研、敢于创新的精神 ② 掌握任务实施的操作步骤，完成工作任务

(续表)

教学环节	师生活动		教学内容与步骤	教学设计意图
	学生	教师		
检查	检测并填写表格	① 巡回指导 ② 发放检测表,查看学生检测结果	① 学生自行检测 ② 仿真调试 OB1: 主程序 程序段 1: 启保停电路 I0.0 ≥1 Q4.0 & I0.1 Q4.0 = 程序段 2: 置位复位电路 M0.0 SR I0.2 S I0.3 R Q Q4.3 = ③ 出现故障记录并修正排除 ④ 教师检查完成情况并做记录	① 培养学生操作规范意识 ② 通过对任务调试,培养学生细心严谨的工作态度
评价	① 自评、互评 ② 现场环境整理	教师点评	① 学生在评价表上完成自评、互评 ② 教师点评	① 培养学生诚信的职业道德 ② 培养学生 6S 管理的意识

5. 成效与反思

(1) 成效:通过实事热点点评的方式,引导学生课前收集相关资料,知晓 PLC 的发展史和国产 PLC 的现状,并思考如何在自己的工作过程中去理解和看待国内产品的优势和缺陷,认识到严谨工作态度和不断进取学习是民族品牌的支撑。学生可针对中国当前 PLC 的发展瓶颈和前景各抒己见、谈体会、谈感想,让同学们对创建自主品牌有更多的认识,做到在专业课教学中也能传递科技报国、勇于创新的精神。

(2) 反思:上述教学点评分析时事热点,让学生关心国家的技术改革、学会用发展的眼光去看待问题,抓住学生的兴趣点和认知程度,充分调动了学生的主观能动性。但教学时长受限,不能使讨论更加深入,很多时事热点只能点到即止,无法充分展开。可以充分利用课前和课后的碎片化时间,将课程思政教育贯穿课堂及课前、课后各个环节的全过程,才能在有限的课堂教学时间内提高教学效率。

参考文献

[1] 浅析国产 PLC 现状,为何要倡导"自主可控"?[EB/OL].[2023 - 06 - 27].https://www.bilibili.com/video/BV1eF411a7QG/?spm_id_from=333.788.videocard.0.

[2] 廖常初.S7 - 1200PLC 编程及应用[M].4 版.北京:机械工业出版社,2021.

机电设备系统安装与调试课程思政教学设计案例

上海现代化工职业学院　陈　姗

课程基本信息

本课程是中等职业学校机电技术应用专业的一门专业核心课程。通过本课程的学习,学生能在机、电、气动、控制等方面得到综合训练,培养学生具备机电设备集成系统安装及联机调试的能力,能够完成机电一体化系统的安装、调试及维修。在完成本课程相关学习任务过程中,培养学生养成安全规范操作、绿色环保意识,使其具备精益求精的工匠精神,提升职业认同和社会责任感,为后续专业课程的学习奠定基础。

授课教师基本情况

陈姗,女,讲师,主要从事机电专业机械基础、工业机器人编程与调试、工业机器人基础实训等课程的教学。

课程内容简介

课程内容选取,紧紧围绕完成机电设备系统安装与调试课程所需的综合职业能力为培养目标。课程内容组织,以典型机电设备安装的完整工作过程为主线,主要包括机电一体化实训装置认知、输送线的安装与调试、送料站的安装与调试、分拣站的安装与调试、系统的维修和保养五个学习任务。

课程思政教学目标

本课程思政教学以立德树人作为根本任务。结合专业人才培养要求和课程内容特点,培养学生安全规范、绿色环保意识,在机电设备系统安装与调试的过程中锤炼精益求精、严谨细致的工匠精神,提升学生的职业认同,激发学生的社会责任感和使命感。

课程思政融入设计

教学进度 （任务/知识单元）	课程思政点	融入方式	思政育人 预期效果
项目一：机电一体化实训装置认知	① 安全规范操作意识 ② 民族自豪感	① 在介绍常见机电一体化装置时，以企业机电一体化实训装置配备剖析为切入点，融入企业现场管理案例，通过介绍企业应用微电子技术改造传统产业，从而达到节能节材，提高生产效率和产品质量，开发自动化、智能化的机电产品，促进产品迭代，展示生产临时设施、施工电源、机械设备安装标准，让学生懂得安全生产、规范与标准的重要性，提高职业素养 ② 在介绍机电系统元器件时，以系统中典型元器件的品牌与关键技术为切入点，引入国产品牌与国产关键技术发展的思政案例，帮助学生认识打造国家品牌和提升国家核心竞争力的重要性	① 培养学生的安全规范操作意识 ② 增强学生的民族自豪感，激发学生致力于机电一体化技术提升和产品迭代的责任感和使命感
项目二：输送线的安装与调试	精益求精	在讲解输送线电气布线时，引入"世界技能大赛工业控制赛项对电气布线的技术要求"和市赛选手合理规范地布线及接线的视频，展示世赛选手精益求精不断打磨的精神，启发学生在实训中提升布线和接线的规范性，绝不能"差之毫厘"	养成学生规范、严谨的意识，树立精益求精的工匠精神
项目三：送料站的安装与调试	严谨细致	在讲解送料站的安装时，通过介绍1985年海尔公司发现有76台冰箱质量不合格，而不合格的原因为外壳凹陷、螺丝松动等，随即召开全厂职工大会，事故责任人亲手将价值20多万元的76台冰箱全部砸毁的举动，强调安装过程中严谨细致保证产品质量的重要性	养成学生严谨细致的工匠精神，树立质量意识
项目四：分拣站的安装与调试	① 绿色环保意识 ② 社会责任感和使命感	① 以智能分拣系统对现代物流和制造业的影响为切入点，引入垃圾分类装置的工作视频，启发学生绿色环保的重要性 ② 在讲解分拣站中传感器选择时，引入《大国工匠》李刚案例，强调传感器技术自主研发创新的重要性	① 培养学生利用科技手段助力社会文明建设的责任感和绿色环保意识 ② 提升学生服务工业强国建设的责任感和使命感

（续表）

教学进度 （任务/知识单元）	课程思政点	融入方式	思政育人 预期效果
项目五：系统的维修和保养	职业认同感	以机电设备维修人才的紧缺为切入点，例如数控机床的维修、工业机器人的维修和汽车控制系统的维修等，都是高薪招聘岗位，且需要较高的技术水平才能胜任，以此来建立学生的职业认同感和自豪感	提升学生对机电相关岗位就业前景的信心，帮助学生树立职业认同感

典型教学案例

1. 课题名称

项目四：分拣站的安装与调试——任务二：分拣装置中传感器的应用

2. 课题目标

【知识目标】

（1）能说出传感器信号状态转化为 GRAPH 流程图的绘制方法。

（2）能说出传感器的安装注意事项。

【技能目标】

（1）能选择合适的传感器，对物料的材质进行判别并能进行分拣。

（2）能画出分拣装置中传感器的电路接线图。

（3）能根据 GRAPH 流程图编写 PLC 程序。

（4）能对传感器在分拣装置中进行正确安装接线与调试。

【素养目标】

（1）养成机电设备安装与调试过程中的绿色环保意识。

（2）提升服务工业强国建设的责任感和使命感。

3. 案例阐述

本次课程选择中铁盾构机模拟实验平台研发的"大匠"——电气专家李刚作为思政案例。李刚在长达 20 年的工作实践中，投身到第一台国产盾构的制造之中，多次参与中铁项目传感器的改造，研发了"绝缘液体注入式液位传感器"，打破了国外厂家对该设备技术的垄断。

结合本次工作任务传感器选择的相关材料，进而分析目前中国传感器发展现状及未来发展趋势，引入观看《"大国工匠"李刚》视频，让学生领略李刚在研发"绝缘液体注入式液位传感器"时，打破了国外厂家对该设备技术的垄断，体会中国拥有自主知识产权的传感器的重要性，提升学生服务工业强国建设的责任感和使命感。

4. 课题设计与实施

课题名称		项目四:分拣站的安装与调试——任务二:分拣装置中传感器的应用		
教学环节	师生活动		教学内容与步骤	教学设计意图
	学生	教师		
复习导入	① 观看视频和垃圾分类图片 ② 学生回答问题	① 安全教育 ② 引出本课题 ③ 发布本次任务	① 安全教育 ② 情境导入:展示小区垃圾分类图片。以塑料物料和金属物料为例,在分拣装置中应用传感器实现物料的分拣。引出本次课题:分拣装置中传感器的安装调试 ③ 明确本次任务:在分拣装置中选择合适的传感器,实现金属和塑料的分拣	① 激发学生学习兴趣 ② 养成绿色环保意识 ③ 明确本次工作任务
任务分析	① 回答问题 ② 观看视频 ③ 验证其传感器选择的正确性及信号状态	① 提问 ② 播放视频 ③ 引导选择并验证	① 在学生进行传感器选择前,分析中国传感器发展现状及未来发展趋势,并播放《"大国工匠"李刚》视频。引导学生讨论思考传感器自主创新的重要性 ② 传感器的仿真选择并验证:根据任务要求,学生在传感器选择的仿真软件中选择相应的传感器并提交。学生通过自制教具模拟,进一步验证传感器选择的可行性 ③ 师生明确,完成本次任务需利用一个电容式传感器和一个电感式传感器,实现物料材质的判别进而分拣	① 培养学生能选择合适的传感器对物料的材质进行判别并能进行分拣 ② 提升服务工业强国建设的责任感和使命感
	① 阐述流程图中的逻辑判断 ② 绘制流程图 ③ 展示流程图 ④ 确定流程图	① 讲解新知识点 ② 巡回指导	① 教师讲解传感器检测塑料物料和金属物料时不同的信号状态转化成 GRAPH 程序流程图中的判断条件。教师在引导过程中,鼓励学生要大胆探索、克服难点 ② GRAPH 程序流程图绘制:列出传感器检测塑料物料和金属物料时不同的信号状态,引导学生绘制 GRAPH 程序流程图,为 PLC 编程做好准备	培养学生能说出传感器信号状态转化为 GRAPH 流程图的绘制方法

(续表)

教学环节	师生活动		教学内容与步骤	教学设计意图
	学生	教师		
任务分析	① 查阅说明书 ② 观看视频	① 巡回指导 ② 讲解传感器安装注意事项	① 根据实训室里现有的两个型号的传感器,引导学生查阅其说明书,填写传感器的检测距离 ② 结合传感器安装视频,教师重点强调传感器安装的注意事项	① 培养学生查阅信息的能力 ② 培养学生能说出传感器的安装注意事项,强化操作的安全规范意识
	① 讨论、绘制接线图 ② 展示分析电路图	① 引导学生绘制电路图 ② 巡回指导	根据控制要求,引导学生绘制电路图并展示,集体研讨后确定接线方式	① 培养学生能画出传感器的电路接线图 ② 小组讨论集思广益,培养学生探究思考能力
计划制定	① 小组讨论 ② 分组探究	教师巡回指导	① 计划制定:两人一组,学生讨论制定工期,进行工作计划的安排并安排好时间,确定出合理的工作计划 ② 学生展示工作计划,集体讨论后,选择合理计划,讨论确定任务完成时间	① 通过小组讨论,激发团队自豪感 ② 在学生展示过程中,教师适时鼓励,提升学生自信力及团队荣誉感
任务实施	① 预防性点检 ② 学生实操 ③ 整理和清洁工位	① 巡回指导 ② 任务完成情况检查 ③ 记录学生实施过程中出现的问题	① 预防性点检:全员到达工位,全体完成预防性点检(所有气源的压力表显示都在指定范围内等) ② 任务实施:根据分工,学生进行任务实施 a. 材料准备、工具准备,现有程序放在电脑中,在此基础上进行程序的改造 b. 调试员安装传感器,根据电气原理图接线;编程员按照流程图编写 PLC 程序 c. 两人合作检查后,通电调试 d. 整理和清洁工位:回收可以再次使用的扎带,将不能再次使用的扎带扔进废料桶里。整理好工具,把它们放在规定位置 ③ 检查贯穿于实施过程 a. 在通电操作前,请按顺序执行安全检查 b. 完成施工质量检查单 c. 记录实施检查过程中出现的问题,并说明问题产生的原因和排除方法	① 通过动手实操,培养学生能对传感器在分拣装置中进行正确安装与调试 ② 通过扎带的回收,树立厉行节约精神,养成绿色环保意识

（续表）

教学环节	师生活动		教学内容与步骤	教学设计意图
	学生	教师		
展示评价	① 展示任务完成成果 ② 自评、互评	① 选择 3 组学生展示成果 ② 教师点评	① 小组展示：小组分别结合照片、过程性资料，2～3 组展示任务完成的成果 ② 小组间相互点评，利用超星学习通自评、小组互评、教师评价进行打分，应用所学解决实际任务，对出现的故障进行分析，进一步消化知识	在学生展示过程中，教师适时鼓励，提升学生的自信力和完成整个任务的成就感
总结拓展	① 填写任务小结 ② 分享总结 ③ 学生收集资料	① 教师巡回指导 ② 教师讲解 ③ 发布作业	① 学生集体填写任务小结，并总结分享 ② 教师讲解传感器的前沿技术动态 ③ 教师发布作业：查询下次学习任务要用到的传感器型号	通过小结的撰写并签字确认，培养学生总结归纳的能力及契约精神

5. 成效与反思

（1）成效：通过《"大国工匠"李刚》思政案例学习，让学生知晓大国工匠通过技术研发打破了国外厂家对设备技术的垄断，体会中国拥有自主知识产权传感器的重要性，激发学生服务工业强国建设的责任感和使命感，清晰呈现思政实施成效，做到在专业课教学中思政教育"化云为雨、润物无声"。

（2）反思：结合课程教学内容，需进一步深入挖掘与教学内容相关的案例、历史论断等，并将其一并融入教学环节，同时还需进一步挖掘责任感、使命感的思政元素，提升课堂思政教学实效，达到课程思政"润物细无声"的教学效果。

参考文献

【中国梦·大国工匠篇】李刚：造世界最好的盾构_地方新闻_中国青年网[EB/OL]．[2023－10－16]．youth. cn.

工业机器人基础实训课程思政教学设计案例

上海现代化工职业学院　　徐文明

课程基本信息

本课程是中等职业学校机电技术应用专业的一门专业拓展课程，旨在培养学生操作工业机器人的技能，包括简单程序编写和调试。通过学习，学生能够识读工业机器人程序，并能熟练调用和运行相关程序，同时具备基本指令编写和调试工业机器人程序的能力。在完成本课程学习任务的过程中，帮助学生养成信息安全意识和规范操作意识，树立精益求精、严谨细致的工作态度，增强学生服务技术发展的责任感和使命感。

授课教师基本情况

徐文明，男，正高级讲师，工程硕士学位，致力于机电技术应用专业的教学工作，从事工业机器人基础实训、化工仪表及自动化、HSE与生产现场管理等课程的教学。

课程内容简介

该课程紧密围绕学生综合职业能力的培养，以工业机器人基础实训为核心，通过六个学习项目全面提升学生的能力。课程内容包括工业机器人安全认知、工业机器人安装、工业机器人示教器操作、工业机器人示教器编程、工业机器人程序备份及恢复、工业机器人系统维护。通过学习本课程，学生可具备扎实的工业机器人领域基础知识与基本技能。

课程思政教学目标

本课程思政教学以立德树人作为根本任务。结合课程特点，培养学生精益求精的工匠精神，激发学生技术报国的家国情怀和使命担当，同时通过项目中各个任务的学习，让学生体会工业机器人在实际生产生活中的应用，增强学生对专业的认同和对职业的热爱。

课程思政融入设计

结合课程学习项目的特点，做好专业层面和思政层面的有机结合，结合教学内容，巧妙融入思政元素，实现知识的传授、能力的培养与价值观塑造融为一体，从而培养学生的综合职业素养。

教学进度 （项目/知识单元）	课程思政点	融入方式	思政育人 预期效果
项目一：工业机器人安全认知 	① 安全意识 ② 责任意识	结合案例分析、安全演示等，引导学生了解工业机器人安全事故的风险和影响，学习安全规范和操作程序	提高学生的安全意识和责任感，培养学生遵守规范、重视人员安全的品质，为社会安全发展做出贡献
项目二：工业机器人安装 	① 吃苦耐劳 ② 团队合作	以工业机器人安装为切入点，引入中国女航天员刘洋的事迹。她在严苛的航天训练中表现出坚韧的吃苦耐劳精神，这能启示学生面对安装工作中的困难和挑战时，要有坚定的决心和毅力。同时，提醒学生在工业机器人安装过程中，需要和同伴紧密合作，共同解决问题	培养学生的吃苦耐劳品质，提升学生的团队合作意识
项目三：工业机器人示教器操作 	① 操作规范 ② 严谨细致	以工业机器人示教器操作为切入点，引入邓稼先的事迹。把操作规范和职业道德的精神融入课堂，以培养学生的细致入微和严谨的工作态度。同时强调安全意识和操作规范的重要性	培养学生的专业素养和实践能力，强调操作规范和职业道德，使其成为有责任感和良好职业操守的技术人才
项目四：工业机器人示教器编程 	① 爱国情怀 ② 创新精神	以操作运行工业机器人动作任务样例程序为切入点，融入郭永怀学成归国、报效祖国的事迹，引导学生学习郭永怀追求真理、严谨治学的科学精神，以及淡泊名利、潜心研究的奉献精神	培养学生的创新能力、逻辑思维和问题解决能力，激发学生的创造力，加强爱国情怀和献身精神

（续表）

教学进度 （项目/知识单元）	课程思政点	融入方式	思政育人 预期效果
项目五：工业机器人程序备份及恢复 	① 信息安全 ② 责任担当	以工业机器人程序备份的重要性为切入点，引入青蒿素的发明者屠呦呦的科研成就和对数据保护的严格要求，培养学生的数据保护意识。学生通过理解工业机器人程序备份的重要性，学习相关技术，组织团队合作完成实践项目，从而培养自己的安全保护意识和责任担当	提高学生的数据安全意识和责任感，培养团队合作精神，使其能够正确处理和保护重要信息，同时增强对信息保护的责任感
项目六：工业机器人系统维护 	严谨细致	以工业机器人系统维护注意事项为切入点，引入"中国质量工匠"刘宇辉的先进事迹，组织讨论和分享：在不断变化的技术环境下，如何保持严谨细致的态度，并激发学生对于学习的热情和主动性	培养学生的工匠精神和职业道德，提高学生对职业发展的认识和态度

典型教学案例

1. 课题名称

项目三：工业机器人示教器操作——任务一：示教器操作环境配置

2. 教学目标

【知识目标】

（1）会阐述工业机器人示教器的基本原理和操作流程。

（2）会复述工业机器人示教器的各项功能和配置参数。

（3）会说出示教器与工业机器人系统的通信和交互方式。

【技能目标】

（1）能够正确连接示教器与工业机器人系统，确保稳定的通信连接。

（2）能够熟练使用示教器的操作界面，进行系统语言配置和时间设置。

（3）能够根据具体任务要求，进行工业机器人转数计数器更新。

【素养目标】

（1）养成高尚的职业道德和规范严谨的操作习惯。

（2）具有持续进取、精益求精的工匠精神。

（3）具备安全意识和责任心。

3. 案例阐述

本次课程选择邓稼先的事迹作为思政案例。邓稼先是中国航天事业的奠基人之一，他在20世纪50年代领导了中国第一颗原子弹和导弹的研制工作。在研发过程中，邓稼先注重科学精神和严谨的操作规范。他要求团队成员严格遵守实验室的安全规定，确保安全生产和人员安全。在面临困难和挑战时，邓稼先始终坚守职业道德，注重人才培养和团队合作，为中国航天科技的发展做出了巨大贡献。

将邓稼先的事迹作为思政元素融入任务过程，让学生深刻领会到邓稼先的高尚职业道德和操作规范对工作准确性和可靠性的重要影响，通过实际操作，让学生认识到对细节一丝不苟、遵循规范严谨工作的重要性，同时增强安全意识和责任心，培养学生持续进取、精益求精的工匠精神，将来为祖国的发展贡献自己的一份力量。

4. 课题设计与实施

课题名称		项目三:工业机器人示教器操作——任务一:示教器操作环境配置		
教学环节	师生活动		教学内容与步骤	教学设计意图
	学生	教师		
咨询	① 提出疑问 ② 收集资料	① 提供知识 ② 解疑答问 ③ 推荐资料	① 基础知识背景:教师介绍示教器的基本原理和配置任务背景 ② 任务概述和目标:明确示教器操作环境配置的内容和任务目标 ③ 技术规范引用:指导学生了解并遵守示教器操作的技术规范	① 激发学生的好奇心和求知欲 ② 培养学生的信息检索和分析能力 ③ 明确操作规范和安全要求
计划	① 策划步骤 ② 资源收集 ③ 设定目标 ④ 风险预测	① 引导策划 ② 资源指导 ③ 确认目标 ④ 风险提示	① 步骤策划:通过展示示范流程,指导学生规划示教器环境配置的操作 ② 资源使用指导:针对配套教材的任务实施部分,指导学生有效使用资源,并强调其在示教器操作中的核心作用 ③ 目标设定:依据教学目标,协助学生设定工业机器人环境配置操作的具体目标 ④ 风险管理:明确潜在风险,为学生提供应对策略,并重点强调示教器操作中的技术规范	① 培养学生的自主计划与目标设定能力 ② 培养学生的预测风险与管理能力 ③ 提醒学生遵循操作规范要求

教学环节	师生活动		教学内容与步骤	教学设计意图
	学生	教师		
决策	① 分析方案 ② 小组讨论	① 提供案例 ② 建议引导 ③ 教师反馈	① 案例分享：讨论不同的示教器操作环境配置方案，分析其优缺点，并做出最佳选择 ② 小组讨论：引导学生思考技术决策，通过案例分析和讨论，共同决定最佳示教器操作环境配置方案 ③ 确定方案：针对学生的决策，教师提供建议和指导	① 培养学生在复杂情境中的决策能力 ② 利用小组讨论加强学生的团队合作能力
执行	① 操作练习 ② 技术应用	① 实时指导 ② 互动问答	① 操作示教器配置：指导学生实际操作示教器进行环境配置，包括连接示教器与工业机器人系统、进行语言设置、时间设置和转速计数器更新 ② 邓稼先科学精神：介绍中国第一颗原子弹和导弹研制者、科学家邓稼先。他是中国航天事业的奠基人之一。在研发过程中，邓稼先注重科学精神和严谨的操作规范，要求团队成员严格遵守实验室的安全规定，确保安全生产和人员安全 ③ 应用工匠精神：引导学生将邓稼先严谨细致的工匠精神应用到工业机器人示教器操作过程中，使学生利用已学知识，熟练进行示教器操作界面的配置	① 学生能够在实际操作中熟练运用所学的知识和技能 ② 培养学生严谨细致的工匠精神
检查	① 自检配置 ② 对照流程 ③ 记录疑点 ④ 总结难点	① 巡回指导 ② 解答疑惑 ③ 提供建议 ④ 收集问题	① 学生独立检查：对照所学内容，进行操作环境配置的自我检查 ② 教师巡回指导：针对学生操作，进行现场指导和建议 ③ 小组讨论：学生之间交流配置过程中遇到的问题和解决方法 ④ 统一答疑：教师集中回答学生在操作中遇到的共性问题	① 培养学生的自主检查和发现问题能力 ② 提高学生的学习效率 ③ 培养学生的细致观察力和解决问题能力 ④ 强化学生团队合作精神
评价	① 自我评价 ② 接受反馈 ③ 团队评价 ④ 反思总结	① 评价学生 ② 明确反馈 ③ 突出亮点 ④ 指导改进	① 评价反馈：教师评价学生在示教器操作环境配置任务中的技能表现，特别是操作规范性和细致度，提供具体的优点和改进意见 ② 讨论与反思：组织讨论，引导学生结合操作规范和细致精神，反思自己的技术水平、团队合作精神和职业行为表现	① 培养学生自评能力 ② 加深学生对示教器操作环境配置的理解 ③ 增强学生严谨细致的工匠精神和团队协作能力

5. 成效与反思

（1）成效：通过围绕邓稼先的事迹课程思政案例学习，学生在示教器操作环境配置时深刻认识到，严格遵守操作规范对工作的准确性和可靠性至关重要。学生从邓稼先的榜样中领悟到科学精神和严谨细致的重要性，培养了细致入微和严谨负责的工作态度。课程思政的融入使学生树立了正确的价值观，培养出严谨细致、注重安全的职业素养，增强了工作中的自律和责任意识。

（2）反思：在教学中应更加注重思辨性讨论，进一步增加实践环节，引导学生探讨坚守操作规范和严谨细致的原因、意义，以及将其应用到实际操作中的方法。同时教学中设计合适的评价方式，给予学生及时的指导和反馈，以便学生及时调整学习方法，提升学习效果。最终更好地培养学生的严谨细致、注重操作规范和职业道德的职业素养，使其成为有社会责任感的优秀人才。

参考文献

［1］徐文明.工业机器人技术应用与实训［M］.北京：化学工业出版社，2022.

［2］北京大学新闻网."两弹元勋"邓稼先［EB/OL］.［2023-08-04］.https://news.pku.edu.cn/bdrw/b8d7dcd58e73403d8d6def21433f64ae.htm?ivk_sa=1024320u.

工业机器人编程与调试课程思政教学设计案例

上海现代化工职业学院　鄢熔熔　陈　姗

课程基本信息

本课程是中等职业学校机电技术应用专业的一门专业核心课程,通过本课程的学习,学生能掌握工业机器人操作、编程及调试,具备工业机器人编程与操作能力。在完成本课程相关学习任务过程中,培养学生具备责任感和精益求精的工匠精神,为后续专业课程的学习做准备。

授课教师基本情况

鄢熔熔,女,讲师,主要从事机电专业 PLC 控制技术、工业机器人编程与调试、机电设备系统安装与调试等课程的教学。

陈姗,女,讲师,主要从事机电专业机械基础、工业机器人编程与调试、工业机器人基础实训等课程的教学。

课程内容简介

课程内容选取,紧紧围绕完成工业机器人编程与调试课程所需的综合职业能力为培养目标,课程主要内容包括工业机器人认知、工业机器人基本操作、工业机器人坐标系设定、工业机器人 I/O 通信、工业机器人基础编程与试运行、工业机器人绘图、工业机器人物块搬运。

课程思政教学目标

本课程思政教学以立德树人作为根本任务,结合专业人才培养要求和课程内容特点,通过工业机器人的编程与调试过程,培养学生精益求精、一丝不苟的工匠精神,引导学生树立安全规范、绿色环保、数据安全意识,围绕工业机器人领域相关技术的自主创新,增强民族自豪感、家国情怀,激发学生科技报国的使命感和责任感,同时强化团队合作、人际交往等职业素养和能力。

课程思政融入设计

教学进度 （任务/知识单元）	课程思政点	融入方式	思政育人 预期效果
任务一：工业机器人认知	① 民族自豪感和职业使命感 ② 执着专注	① 在认知工业机器人教学时，介绍"神舟十二号"载人飞船发射成功、成功对接天和核心舱以及空间站机械臂运动等方面的案例，来分析工业机器人的应用。让学生体会目前工业机器人所涉及的前沿科技，培养学生的民族自豪感和职业使命感 ② 在分析工业机器人研究与发展时，引入"航天焊将——陈久友"的思政案例，引导学生感受杰出工匠对本职工作、劳动价值的高度认同与矢志不渝的长期坚守，培养学生执着专注的工匠精神	① 激发学生的民族自豪感和职业使命感 ② 激励学生弘扬执着专注的工匠精神
任务二：工业机器人基本操作	① 安全操作、绿色环保和规范操作意识 ② 数据安全意识	① 以现场安全教育与实践为切入点，让学生树立安全操作、绿色环保、规范与标准意识，提高职业素养 ② 在工业机器人数据备份与恢复教学时，选取"增强数据安全意识，共同维护国家安全"思政案例融入教学，培养学生具备数据安全意识	① 具备严格遵守操作规范和工作标准的良好行为习惯，养成安全、绿色环保和规范操作意识 ② 具备数据安全意识
任务三：工业机器人坐标系设定	① 发散性思维 ② 精益求精	① 以多种方法设置工具坐标系为切入点，讲授"不同的工况下选择合适的设置方法"时，引导学生从多个角度思考问题、以多种方法解决问题，培养学生发散性思维能力 ② 在分析工件、工具数据对点时，引入"青年技术员刘圆圆：在航天材料世界里挥洒青春"的思政案例，培养学生树立严谨、细致的工作作风和精益求精的工匠精神，并引导学生自主思考、独立分析工作任务要求，独立完成工具、用户（工件）数据的创建及验证	① 使学生具备发散性思维 ② 引导学生具备树立严谨、细致的工作作风和精益求精的工匠精神
任务四：工业机器人I/O通信	① 追求卓越 ② 科技报国的使命感和责任感	在分析工业机器人I/O信号时，选取"美国对芯片生产光刻机技术的封锁"和"梁骏：二十年攻坚克难，自主创新做强民族芯片"思政案例融入教学，引导学生意识到目前传感技术、	① 养成自主创新的意识，激发科技报国的使命感和责任感 ② 具备追求卓越的工匠精神

(续表)

教学进度 （任务/知识单元）	课程思政点	融入方式	思政育人 预期效果
		芯片技术仍以国外为主导，明白芯片技术创新和突破的重要性与必要性，养成学生自主创新的意识和科技报国的使命感和责任感、追求卓越的工匠精神	
任务五：工业机器人基础编程与试运行	① 规范操作 ② 一丝不苟	① 以准确选择编程指令和设置程序数据为触点，强化学生自主思考、独立分析、查阅相关资料的能力，培养其按操作手册规范操作的意识 ② 以操作工业机器人精准对点为切入点，强调工业机器人对点时的安全注意事项和要点，并引入"深海钳工——管延安"的思政案例，引导学生养成一丝不苟的精神，在工作中注重细节，操作工业机器人精准对点不允许有偏差，培养学生养成一丝不苟的工匠精神	① 引导学生养成自觉查阅手册的良好行为习惯，强化规范操作意识 ② 养成学生一丝不苟的工匠精神
任务六：工业机器人绘图	爱国热情	在工业机器人绘图任务中，以"五角星的绘制"为载体，引入"五星红旗的含义"案例，作为中华儿女必须紧密团结在党的周围，激发学生的爱国热情	激发学生爱国热情
任务七：工业机器人物块搬运	安全操作	以"上海华伟汽车部件股份有限公司'3·18'工业机器人机械臂伤害事故"为安全案例，引导学生知晓违规作业的危害性和安全、规范操作的重要性，进一步强化学生安全操作意识	强化学生安全操作意识

典型教学案例

1. 课题名称

任务二：工业机器人基本操作

2. 课题目标

【知识目标】

（1）会阐述示教器使能按钮与功能键按钮及应用。

（2）会简述机器人安全操作注意事项。

（3）会简述数据备份与恢复的正确步骤。

【技能目标】

(1) 能准确调整机器人运行速度。

(2) 能熟练操作机器人示教器,进行单轴运动、线性运动和重定位运动的操作。

(3) 能完成数据备份与恢复。

(4) 会查看工业机器人事件日志。

【素养目标】

(1) 树立安全规范操作和绿色环保意识。

(2) 具备数据安全意识。

3. 案例阐述

本次课程选取国家互联网信息办公室发布的"增强数据安全意识,共同维护国家安全"新闻视频为思政案例,引出数据在体现和创造价值的同时,也面临着严峻的安全风险:一方面数据流动打破安全管理边界,导致了数据管理主体风险控制力减弱;另一方面数据资源因具有价值,引发数据安全威胁持续蔓延,数据窃取、泄露、滥用、劫持等攻击事件频发。

结合本次工业机器人数据备份与恢复相关知识点,引入观看数据安全新闻视频,引导学生知晓数据安全的重要性,激发学生维护国家数据安全的责任感与使命感,进而培养学生具备数据安全意识。

4. 课题设计与实施

课题名称			任务二:工业机器人基本操作	
教学环节	师生活动		教学内容与步骤	思政教学设计意图
	学生	教师		
任务导入	① 观看视频 ② 思考问题	① 安全教育 ② 布置任务	① 播放视频:实训室用电安全、工业机器人安全规范操作 ② 引发思考:举例在操作工业机器人需要注意哪些事项 ③ 布置任务:本次课程学习工业机器人的基本操作,需掌握示教器的基本操作和数据备份、恢复	① 树立安全规范操作意识 ② 明确本次课程学习任务
任务分析	① 阅读资料 ② 观看视频及演示 ③ 小组讨论	① 讲授知识点 ② 教师演示 ③ 播放视频	① 分析讲解本次任务和重难点知识,点明本次任务的重难点 ② 组织学生阅读相关资料,识读工业机器人安全标识 ③ 教师演示示教器按钮与按键的使用方法、事件日志查看 ④ 教师演示手动操作工业机器人运行(单轴、线性、重定位)	① 培养学生收集和筛选信息的能力 ② 树立学生安全规范操作意识 ③ 培养学生具备数据安全意识

(续表)

教学环节	师生活动		教学内容与步骤	思政教学设计意图
	学生	教师		
任务分析			⑤ 引发思考:3种运行模式分别在何种情况下选用?举例说明 ⑥ 教师播放"增强数据安全意识,共同维护国家安全"思政案例,小组讨论:日常生活中是否会重视个人信息数据的安全与维护,为什么?教师引出工业机器人数据备份与恢复的重要性 ⑦ 教师演示工业机器人数据备份与恢复	
任务实施	实践操作	① 巡回指导 ② 归纳总结	① 组织学生归纳总结操作步骤 ② 组织学生分组完成实操任务 a. 操作示教器上的按钮及按键,并记录其功能 b. 操作示教器手动运行工业机器人 c. 操作示教器实现数据备份与恢复 ③ 巡回指导与观察,记录操作易错点,归纳总结学生在操作过程中的易错点和注意事项	① 培养学生的语言表达能力 ② 提升学生的团队协作力
任务评价	① 分组展示 ② 小组互评 ③ 整理整顿	教师点评	① 以比拼的模式,展示各组练习的成果 ② 小组互评、教师点评 ③ 打扫现场,保持环境卫生,并正确处理碎屑垃圾	① 提升学生的团队荣誉感 ② 树立学生的绿色环保意识

5. 成效与反思

(1) 成效:通过思政案例学习,引导学生知晓数据安全的重要性,在案例分析、小组讨论环节,引导学生数据的安全与维护方面进行交流研讨,激发学生维护国家数据安全的责任感、使命感,强化数据安全意识。通过本次课程的教学,让学生在学习知识的同时感受"思政"的魅力、感知"思政"的内涵、感悟"思政"的意义。

(2) 反思:结合课程教学内容,还需进一步深入挖掘工业机器人数据备份与恢复、工业机器人基础操作等方面的思政案例,进而提升课堂思政教学的实效。

参考文献

光明网.增强数据安全意识　共同维护国家安全[EB/OL].[2023－04－16].http://www.cac.gov.cn/2018-04/16/c_1122685161.htm#:～:text＝%E6%95%B0%E6%8D%AE%E5%AE%89%E5%85%A8%E6%98%AF%E4%B8%80%E9%A1%B9%E7%B3%BB,%E6%8A%A4%E5%9B%BD%E5%AE%B6%E5%AE%89%E5%85%A8%E7%A7%A9%E5%BA%8F%E3%80%82

数控编程与加工课程思政教学设计案例

上海现代化工职业学院　吴　敏

课程基本信息

本课程是中等职业学校机电技术应用专业的一门专业拓展课程,其任务是培养学生数控编程和加工的能力,具备简单零件数控编程与加工的基本技能。通过学习,学生能够对典型零件进行数控加工工艺分析,编出正确、合理的数控加工程序,并通过仿真软件及实际机床完成零件的加工。在完成本课程相关学习任务中,培养学生团队合作意识和与人沟通的能力,使学生具备较强的责任感和严谨的工作作风。

授课教师基本情况

吴敏,女,高级讲师,工程硕士,主要从事机电专业机械基础、机械识图与CAD、数控编程与加工等课程的教学。

课程内容简介

课程内容选取,紧紧围绕完成数控机床编程与加工课程所需的综合职业能力为培养目标。课程主要内容包括数控机床及编程认知、简单阶梯轴数控编程及加工、外圆弧轴零件数控编程及加工、综合阶梯轴零件编程及加工、套类零件编程与调试、平面类零件编程与加工。

课程思政教学目标

本课程思政教学以立德树人作为根本任务。结合学校、专业培养要求和本课程特点,培养学生精益求精的工匠精神,激发学生技术报国的家国情怀和使命担当,同时还将机械加工与美学结合,让学生感受机械美学,增强学生对同行的认同、对职业的热爱。

课程思政融入设计

结合课程学习任务特点,全面梳理、系统设计,逐次递进融入思政元素,实现教学内容的"双重解读"。

教学进度 （任务/知识单元）	课程思政点	融入方式	思政育人 预期效果
任务一：数控机床及编程认知 	① 使命感和责任感 ② 机械美学，职业热爱	① 介绍目前国内外智能制造的发展状况以及中国的智能制造发展目标，分析制造业高质量发展对中国经济发展的意义 ② 观看数控机床较为震撼的加工视频，感受高科技智能制造之美	① 引导学生感受中国制造业高质量发展需要肩负的使命感和责任感 ② 感受机械加工的美学，培养学生对职业的热爱
任务二：简单阶梯轴数控编程及加工 	安全与规范意识	本次课程学生刚刚接触零件的编程与加工，以课题导入环节为切入点，介绍数控加工操作安全、现场着装等规范，通过加工操作事故案例分析和观看安全规范操作视频，强调安全、规范意识养成的重要性	引导学生养成严格遵守操作规范和工作标准的良好行为习惯，树立安全意识
任务三：外圆弧轴零件数控编程及加工 	质量意识	以零件加工环节为切入点，介绍关于美国"挑战者号"和"阿波罗13号"因一个小小的零件不合格导致航天飞机爆炸的质量案例。指出容易被忽视的小细节，往往造成难以挽回的损失，强调质量意识的重要性	让学生知晓 ISO 9000 不仅仅是一种工具，更要理解其中的精神和目标。"蚍蜉撼大树""千里之堤，溃于蚁穴"
任务四：综合阶梯轴零件编程及加工 	精益求精	在综合阶梯零件编程实施时，以"大国工匠"教育为切入点，综合阶梯轴零件编程环节介绍"中国梦大国工匠"数控高级技师曹光富：成为航母加工核心部件的"大国工匠"，只有中专毕业的曹广富经过几十年的锤炼，才能加工出高精度航母零件，完美诠释了精湛技艺、精益求精的工匠精神	引导学生知晓精益求精的工匠精神体现在工作态度上就是认真，就是严谨和不断进取学习
任务五：套类零件编程与调试 	细心、耐心	以套类零件加工时不易观察其内部情况为触点，尤其是精密薄壁套类零件加工，带领学生收集关于套类零件加工工艺改进资料，将完成的程序在仿真软件上反复验证和修改，来确保准确性，提醒学生编程和加工此类零件时更要具备足够的细心和耐心	让学生深深体会到了"差之毫厘，谬以千里"的道理，更感受到了零件加工严谨、精确之美，培养学生的细心和耐心

（续表）

教学进度 （任务/知识单元）	课程思政点	融入方式	思政育人 预期效果
任务六：平面类零件编程与加工 	① 使命感和责任感 ② 节约环保意识	① 介绍国内外加工中心发展情况，分析中国加工中心在技术、质量等方面与发达国家的差距，缩短差距需要一代又一代技术人员的不懈拼搏 ② 以数控铣床加工冷却液的使用及碎屑的处理为切入点，小组讨论如何在选择毛坯件的过程中节约材料。观看环境保护短片，让学生知晓金属碎屑及废冷却液的处理过程及重要性。引导学生思考垃圾分类与环境保护之间的关系	① 引导学生知晓肩负时代重任，加快建设科技强国离不开一线专业技术人员，具备科技强国的使命感和责任感 ② 培养学生树立终生节约材料和环保意识

典型教学案例

1. 课题名称

任务四：综合阶梯轴零件编程及加工

2. 课题目标

【知识目标】

(1) 掌握 G71、G72、G73、G70 指令及其应用。

(2) 能识读综合阶梯轴零件图，会选择适合的加工工艺，并确定工艺参数。

【技能目标】

(1) 能正确选择轴类车削刀具，会用轮廓粗、精加工复合循环指令编写加工程序。

(2) 具备加工典型轴并达到一定精度要求的能力。

(3) 熟练运用数控车床加工并检测。

【素养目标】

(1) 养成规范、严谨细致的工作态度。

(2) 具有安全环保意识。

(3) 具备精益求精的工匠精神。

3. 案例阐述

本次课程选择为航母加工核心部件的"大国工匠"——数控高级技师曹光富作为思政案例。1990 年，曹光富中专毕业后进入重庆江增船舶公司，经过 27 年"干中学"成为数控多面手，从刚进厂时"一张白纸"的中专生，成长为现在的一名数控高级技师，"曹光富工作一丝不苟，精益求精，他加工的零件成品精度高，合格率高达 99%"。正基于此，航母核心部件加工的重任才落到了他的肩上。

通过观看《中国梦，大国工匠》视频，让学生领悟到，"大国工匠"曹光富在自己平凡的岗位上追求着职业技能的精益求精，同样是中专生起点的曹光富，让同学们找到"同道中人"之感，曹光富通过 27 年"干中学"成为数控多面手，他的认真、严谨和进取学习成就了他的人生。对于加工难度大，精度要求高，往往需要粗加工、热处理、精加工等多道工序的高难度零件，对于曹光富来说，却能得心应手，将困难化解于无形。因为曹光富对零件加工的精益求精，所以他才能胜任航母核心部件加工，真正实现技术改变人生、技术报国。

4. 设计与实施

课题名称			任务四：综合阶梯轴零件编程与加工	
教学环节	师生活动		教学内容与步骤	教学设计意图
	学生	教师		
咨询	① 调研查询 ② 资料收集	① 安全教育 ② 布置任务	① 安全教育 ② 布置任务：工厂需完成一批综合阶梯轴加工，该零件由圆弧面、锥面和台阶面构成。根据图纸要求完成该零件的编程和加工。材料为 45 钢，毛坯 $\phi30\,mm\times80\,mm$ 棒料 ③ 学生收集完成本次任务需要用到的程序指令等信息，并明确本次编程所需的新知识	① 培养学生的安全规范意识 ② 明确本次课程学习任务 ③ 培养学生收集信息的能力
计划	① 制定编程计划 ② 小组讨论	① 讲解新知识点 ② 指出本次任务的重难点 ③ 播放产品加工视频	① 教师讲解 G71、G72、G73、G70 程序指令及其应用 ② 学生小组讨论圆弧面、锥面和台阶面的综合轴加工工艺及加工参数选择 ③ 产品加工视频：综合阶梯轴的加工工艺由各表面加工知识点综合而成，工艺复杂，教师播放综合阶梯轴产品加工短视频	① 学生在完成任务的过程中，主动学习新知识点，从"要我学"变为"我要学" ② 通过加工视频，让学生感受真实企业零件从编程到加工每个环节的严谨
决策	① 验证程序 ② 修改定稿	疑难问题指导	① 学生将零件程序导入数控车加工仿真软件，进行走刀路径演示 ② 针对反馈问题涉及的坐标点、走刀路线等，进行小组分析修改完善 ③ 教师对程序进行验证审核 ④ 确定程序，进行仿真加工	① 经过对程序的反复验证修改，引导学生认真的工作态度 ② 培养学生分析问题、解决问题的能力
执行	① 选择毛坯、刀具 ② 现场加工	① 安全教育 ② 巡回指导	① 教师在现场加工前再次进行安全教育 ② 学生进行现场加工	① 培养学生的机床操作安全、规范意识 ② 掌握现场加工操作步骤，完成零件加工

（续表）

教学环节	师生活动		教学内容与步骤	教学设计意图
	学生	教师		
检查	检测并填写表格	① 巡回指导 ② 发放检测表,查看学生检测结果	① 学生拆卸加工好的零件 ② 使用量具对零件进行检测,并填写检测表格 ③ 分析零件是否合格,并总结加工过程中遇到的问题是如何解决的	① 培养学生操作规范意识 ② 通过对加工零件的检查,培养学生细心严谨的工作态度
评价	① 自评、互评 ② 现场环境整理	教师点评	① 学生在评价表上完成自评、互评 ② 教师点评。针对部分同学出现的加工质量问题进行讨论 ③ 小组讨论:技术人员是如何做到零件加工精益求精的 ④ 教师播放"大国工匠"视频,为航母加工核心部件的"大国工匠"—数控高级技师曹光富 ⑤ 引导学生思考:如何在自己的数控编程与加工中传承精益求精的工匠精神 ⑥ 学生将感受到的"工匠精神"转化为自己的学习动力 ⑦ 打扫机床及现场,保持环境卫生,并正确处理碎屑垃圾	① 培养学生诚信的职业道德 ② 培养学生注重环保的意识 ③ 通过观看"大国工匠"视频,让学生知道平凡工作岗位上的技术人员是如何做到工作中的认真严谨的,引导学生感悟、认同并提升,培养学生精益求精的工匠精神

5. 教学反思

（1）成效：通过思政案例学习，引导学生知晓，精益求精的工匠精神体现在工作态度上就是认真、严谨和不断进取学习。组织学生讨论：如何在自己的数控编程与加工中传承精益求精的工匠精神？通过讨论，让同学们对"精益求精"有了更深刻的认识，清晰呈现课程思政实施的成效，做到在专业课教学中思政教育"化云为雨、润物无声"。

（2）反思：在课堂教学的过程中，巧妙融入思政元素，选择合适、多元的教学方法作为辅助，价值引领做到首尾呼应；甄选与学生身份相符合的思政案例，让同学们找到"同道中人"之感，遵循"思政"与"课程内容"相长原则，达到事半功倍的育人效果。

部分课程思政内容目前停留在知识传授层面，忽略了学生思想认识和思维能力的培养，后续需要引导学生形成系统、完整的思想框架。

参考文献

数控高级技师曹光富：为航母加工核心部件的"大匠"[EB/OL].［2017-11-24］. http://finance.ce.cn/rolling/201711/24/t20171124_26991761.shtml.

机械制造技术基础课程思政教学设计案例

上海现代化工职业学院　王　凡

课程基本信息

本课程是中等职业学校机电技术应用专业的一门专业核心课程,其任务是使学生具备机械制造的常用加工方法、工艺编制等知识。通过学习,学生能够识别常用工程材料的牌号并阐述其力学性能与工业性能特点;能够分析典型机械零件的加工过程;能够对特定的技术要求选择合适的加工方法;能够编制典型机械加工零件的工艺规程。在完成本课程相关学习任务中,逐步提升学生的团队合作意识和与人沟通的能力,具备较强的责任感,形成严谨的工作作风,并激发学生技术报国的使命担当。

授课教师基本情况

王凡,男,讲师,工学学士,主要从事机电专业机械基础、金属材料与热处理、机械制造技术基础等课程的教学工作。

课程内容简介

课程内容选取,紧紧围绕完成机械零件的选材、加工、装配、使用等全生命周期管理所需的专业技术能力为培养目标,主要内容包括机械制造业的地位及其发展、常用工程材料与性能、机械加工方法、机械加工工艺规程的制订、现代先进制造技术等五个知识单元。

课程思政教学目标

本课程思政教学以立德树人作为根本任务。结合课程特点,在工程材料和加工方法的选择、加工工艺的制订中,培养学生认真严谨的治学精神、精益求精的工匠精神;通过先进制造技术的介绍,激发学生技术报国的家国情怀和使命担当,树立质量意识、节约环保意识,增强学生对行业的认同、对职业的热爱。

课程思政融入设计

教学进度 （任务/知识单元）	课程思政点	融入方式	思政育人 预期效果
知识单元一：机械制造业的地位及其发展	① 使命感和责任感 ② 行业认同与热爱	在课程引入部分，以介绍国内外机械制造业的发展现状以及中国制造业领域的产业地位为切入点，引入中国制造业高质量发展对中国经济发展的意义	① 引导学生感受中国制造业高质量发展需要肩负的使命感和责任感 ② 增强学生对行业的认同与对职业的热爱
知识单元二：常用工程材料与性能	① 质量意识 ② 节约环保意识	① 在材料的选择环节，引入因选材不当所引起的多起重大事故案例，结合分析不同材料的不同性能，引导学生重视合理选材，树立良好的质量意识 ② 通过对比分析相同设备在不同选材条件下的性能、重量、体积、运载、安装、寿命和防护等方面的差异，引导学生重视合理选材，树立良好的节约环保意识	① 引导学生认识到严格执行技术标准对产品质量的重要意义，树立质量意识 ② 引导学生认识合理选材的重要意义，树立节约环保意识
知识单元三：机械加工方法	① 精益求精 ② 行业认同	① 在加工方法介绍环节，通过对比分析相同零件运用不同加工方法成型下性能、寿命等指标的差异，介绍不同加工方法的优势和局限，引导学生重视合理选择加工方法，树立精益求精的技术追求 ② 通过多种机械加工方法的学习，让学生对行业的现状和发展有进一步的认知，提升学生对行业的认同感 ③ 以焊接讲解为切入点，引入《超级工程——超级 LNG 船》思政案例，展现中国工人和工程师严谨细致的工作态度和精益求精的工匠精神	① 引导学生，认识合理选择加工方法的重要意义，认识严格执行技术标准对产品质量的重要意义 ② 引导学生认识机械制造行业在中国制造业高质量发展中的重要地位，增强学生对行业的认同 ③ 引导学生养成精益求精的工匠精神

（续表）

教学进度 （任务/知识单元）	课程思政点	融入方式	思政育人 预期效果
知识单元四：机械加工工艺规程的制订 	① 认真严谨 ② 精益求精	① 通过对比分析相同零件在不同生产规模下采用不同加工工艺的成本、质量等方面的差别，结合不同加工工艺编排的技术特点，引导学生认识到根据生产规模编制合理加工工艺规程的重要意义，培养学生认真严谨的治学精神 ② 通过对比不同工艺规程在不同生产规模下体现的质量、能耗、生产组织等方面的差别，结合先进工艺对产品品质带来的提升，让学生认识到运用不同工艺规程的重要意义，树立精益求精的技术追求	引导学生认识到遵守工艺规程对产品质量、成本、生产组织管理等方面的重要意义，并逐步养成认真严谨的治学精神、精益求精的工匠精神
知识单元五：现代先进制造技术 	技术报国的家国情怀和使命担当	通过视频展示国际前沿的先进制造技术，让学生认识到机械制造行业的广阔前景。分析中国在全球产业链中的地位，提升学生的使命感和责任感	引导学生感受中国制造业高质量发展需要肩负的使命感和责任感

典型教学案例

1. 课题名称

知识单元三：机械加工方法——第七节：焊接

2. 课题目标

【知识目标】

（1）能够列举焊接的种类。

（2）能够阐述焊接所适用的工艺特点。

【技能目标】

能根据零件特点选择合适的焊接方法。

【素养目标】

（1）养成严谨细致的工作态度。

（2）具备精益求精的工匠精神。

（3）心怀技术报国的志向和使命担当。

3. 案例阐述

本次课程选择 LNG 船的货舱殷瓦钢焊接加工作为思政案例。LNG 船是液态天然气运输船，中国从澳大利亚等地进口天然气就需要使用 LNG 船。中央电视台的纪录片《超级工程——超级 LNG 船》为人们讲述了上海沪东造船厂生产中国第一艘 LNG 船的艰辛与成就。用以储存−163℃下的超低温液化天然气的殷瓦钢薄如纸张，焊接难度极大。微小的焊接缺陷都可能引起绝热失效，并导致重大安全事故。正是中国工人和工程师的严谨细致的工作态度和精益求精的工匠精神，才铸就了这超级工程。

通过观看《超级工程——超级 LNG 船》视频片段，让学生领略高技术装备的技术美感和技术难度，体会到中国工人和工程师严谨细致的工作态度、精益求精的工匠精神对制造强国建设的重要意义。

4. 课题设计与实施

课题名称		知识单元三：机械加工方法——第七节：焊接		
教学环节	师生活动		教学内容与步骤	教学设计意图
	学生	教师		
任务导入	① 分组讨论：典型零件的加工方法 ② 资料收集	① 展示零件 ② 组织讨论 ③ 布置任务	① 课程引入：教师展示典型零件图片，学生分析零件的加工方法 ② 学生收集完成焊接的应用、类型等信息，并明确本次课程所需的新知识	① 明确课程学习内容 ② 培养学生团队沟通及独立思考能力 ③ 培养学生收集信息的能力
任务分析	小组讨论：熔焊与钎焊的异同	① 讲解新知识点 ② 播放焊接微课程视频 ③ 组织课堂讨论	① 观看视频，了解焊接岗位的市场需求、工作条件等 ② 教师讲解焊接的基本原理、分类与适用 ③ 观看微课程视频，了解各种焊接方法的应用 ④ 学生小组讨论不同焊接方法之间的异同	① 通过观看视频，学生感受真实的生产场景，对岗位有一个直观的了解 ② 学生在学习过程中，通过教师讲授和学生小组讨论，主动学习新知识 ③ 小组讨论区分易混淆知识点。提高学生求真务实的探索精神

教学环节	师生活动		教学内容与步骤	教学设计意图
	学生	教师		
任务实施	① VR（虚拟现实）体验焊接操作 ② 小组讨论：焊接操作的安全隐患与排除	① 组织学生使用 VR 体验焊接 ② 组织课堂讨论	① 运用 VR，直观体验操作各种不同的焊接方式 ② 学生小组讨论不同焊接方法在操作过程中可能出现的安全隐患及排除方法	① 通过 VR 操作，学生直观感受到焊接生产过程，提高对职业的认识和理解 ② 小组讨论安全隐患，养成严谨细致的工作态度和注重安全的习惯 ③ 能够根据零件特点，选择合适的焊接方法
	① 观看视频 ② 展开讨论并分享	① 播放课程思政视频 ② 引导学生思考 ③ 组织学生讨论	① 教师播放《超级工程——超级 LNG 船》的焊接片段 ② 引导学生思考：超级工程的由来 ③ 组织学生就如何传承并践行精益求精的工匠精神展开讨论。学生结合自身学习实际，讨论践行工匠精神的途径，引导学生从自身行动入手，切实传承，从而将意识转化为行动	① 通过视频，让学生体会平凡工作岗位上技术人员的认真严谨，激发学生精益求精的工匠精神 ② 激发学生心怀技术报国的志向和使命担当
任务评价	学生自评、小组互评	① 引导学生思考 ② 组织学生讨论	① 学生在评价表上完成自评、互评 ② 引导学生思考：如何在自己加工方法的选择和加工工艺优化中传承精益求精的工匠精神 ③ 学生将感受到的"工匠精神"转化为自己的学习动力	① 培养学生诚信的职业道德 ② 激发学生努力学习、传承精益求精工匠精神的热情

5. 成效与反思

（1）成效：通过《超级工程——超级 LNG 船》思政案例的学习，提高学生认真严谨的治学态度，知晓精益求精的工匠精神之核心本质在于认真严谨的工作态度和不断进取的学习态度。通过课程的讨论，让学生对制造业在中国的重要地位有了清晰的认识，增强了学生技术报国的家国情怀和使命担当，激发了学生努力学习报效祖国的热情。

（2）反思：在课堂教学的过程中，思政元素的融入，需要选择合适的教学内容和教学方法予以辅助，并最终回归思政元素的价值观导向。在教学过程中形成思政元素融入的闭环,选择最符合中等职业学校学生认知规律的思政案例,让案例更生动、更贴近学生,使学生能更易感受到。同时遵循"思政元素"与"教学内容"的相互融合,共同达成课程思政的育人效果。

参考文献

央视网.《超级工程》标清版　第 05 集　超级 LNG 船[EB/OL].[2013 - 03 - 27].http://jishi.cctv.com/2013/03/27/VIDE1364350722521656.shtml.

机械产品数字化设计课程思政教学设计案例

上海现代化工职业学院　　吴彩君

课程基本信息

本课程是中等职业学校数控技术应用专业的一门专业拓展课程。通过本课程的学习,学生具备运用计算机软件进行机械产品设计、实体建模,进而进行装配设计的能力,能使用机械类三维设计软件完成草图绘制、特征建模、曲面构建、组件装配和工程制图等操作,并培养细致、严谨的工作作风,为将来从事机械类三维设计技术的研究与应用,以及后续课程的学习奠定知识和技能基础。

授课教师基本情况

吴彩君,男,高级讲师,主要从事数控、机电专业机械基础、数控编程与加工、机械产品数字化设计等课程的教学工作。

课程内容简介

课程内容基于机械产品设计岗位能力要求,涵盖机械产品设计知识和三维设计软件操作技能要求,主要内容包含产品设计的信息化和数字化、特征建模、曲面设计、部件装配、工程制图。

课程思政教学目标

本课程思政教学以立德树人作为根本任务。结合学校的专业培养要求和课程特点,让学生感受到工业设计之美,增强学生的职业认同感,培养学生的规范意识,引导学生树立面对困难不退缩、主动解决问题、培养严谨细致的工匠精神和勇于创新的拼搏精神。

课程思政融入设计

教学进度 （项目/知识单元）	课程思政点	融入方式	思政育人 预期效果
项目一：产品设计的信息化和数字化	① 职业认同 ② 锐意进取 ③ 奋斗精神	① 在课程引入环节,介绍设计人员利用工业软件创造出各种形状的复杂产品案例,如汽车座椅、发动机、汽车、飞机、大楼、公园,并快速推出用户喜爱的新产品。让学生感受工业设计数字化带来的巨大生产力 ② 以主流设计软件及其应用为切入点,引入国产的 CAXA 制造工程师软件的发展历史。CAXA 制造工程师,是一款集三维造型、零件加工和仿真功能于一体的国产软件,它提供了一套简单、易学的全三维设计工具,大大提高了面和体的造型能力,支持数字孪生模型环境。让学生感受到自主软件研发中的白手起家、不断进取的奋斗精神	① 感受工业设计之美,增进职业认同感 ② 培养面对困难时不畏艰险、不断进取的奋斗精神
项目二：特征建模	价值观塑造	特征建模中利用包覆特征可以输入文字、图案并在零件表面形成浮雕刻画效果,通过零件设计中浮雕文字的构建复习社会主义核心价值观 24 字内容,引导学生树立正确的价值观	培养学生树立正确的价值观
项目三：曲面设计	① 自力更生 ② 开拓创新	在创建曲面时,需要绘制曲线和草图;在绘制螺旋线时,以常见螺母的建模为切入点,选取高铁上使用的不松动螺母为例。中国经历从进口、技术突破到自主研发成功,从而实现关键技术国产化。将此案例融入教学,弘扬自力更生、勇于突破国外技术封锁、永不言败的开拓精神	① 引导学生面对困难不退缩、树立学习自信心 ② 培养学生严谨细致的工匠精神 ③ 培养学生的创新理念和能力

教学进度 (项目/知识单元)	课程思政点	融入方式	思政育人 预期效果
项目四:部件装配	① 严谨细致 ② 爱国情怀	设备由多个零件和部件组装而成,设备能正常运转来自零件的精确加工和细致的装配。在讲解减速器各部件装配关系时,引入"大国工匠"顾秋亮的事迹,介绍其作为首席装配钳工技师,对组装精密度要求达到了"丝"级,10多年来,保质保量完成了蛟龙号总装集成、数十次水池试验和海水试验过程中的"蛟龙号"部件拆装与维护,还和科技人员一道攻关,解决了海上试验中遇到的技术难题,用实际行动诠释着对祖国载人深潜事业的忠诚与热爱。培养学生精益求精的职业精神,同时增进学生的爱国情感	① 培养学生在零件设计、加工、装配时精益求精的职业精神 ② 增进学生的爱国情感,增强新时代的历史使命感
项目五:工程制图	文化自信	在学习二维工程图设计时,引入工程制图发展史,介绍在中国古代长期的制造历史中,有器械图、舟车图、博古图、礼器图、考古图等多种制图形式,丰富多彩,尤其是宋元以后,设计制图达到了相当成熟的水平。凸显中国古代劳动人民先进的制图能力,激发民族自豪感	感受中国悠久的工程制图发展史,增强文化自信

典型教学案例

1. 课题名称

项目三:曲面设计——任务一:螺旋输送机设计

2. 课题目标

【知识目标】

(1) 能说出绞龙的作用与使用场合。

(2) 能概述绞龙零件的建模方法。

(3) 能概述"穿透"的作用。

【技能目标】

(1) 会绘制螺旋线。

(2) 会使用扫描特征。

（3）会使用三维设计软件完成绞龙建模。

【素养目标】

（1）培养学生严谨细致的工匠精神。

（2）培养学生勇于创新的拼搏精神。

3. 案例阐述

本次课程选择高铁上应用的"永不松动"螺母的技术突破作为思政案例。中国高铁构建了世界最大规模的高铁体系和技术平台，引领了世界高铁潮流。然而最初时，高铁上使用的螺母却要进口，只能购买仅有 45 名员工的日本企业哈德洛克（Hard Lock）工业株式会社的"永不松动"螺母。不止中国，全世界包括英国、澳大利亚、美国等科技水平遥遥领先的国家都要向哈德洛克公司订购"小小"的螺母。为了摆脱这种技术限制，中国企业自己摸索，研发出了比"永不松动"螺母更加可靠的国产版"自紧螺母"，也就是中国唐氏螺栓，它兼容两种不同旋向的螺母，把右旋螺母的退松力直接转变成左旋螺母的拧紧力，将两个相对的力转化为相助相融。深圳自紧王科技有限公司研发的"自紧螺母"，仅需一个螺母和一个垫圈就轻松解决所有问题，在用材、工艺、精密度上全无要求，高中低螺丝螺母皆能生产。由高铁上使用的螺母从依赖进口到技术突破实现国产化，体现出了中国制造在技术上自力更生、勇于突破国外技术封锁、永不言败的精神，从而引导学生面对困难不退缩、树立学习自信心，培养学生严谨细致的工匠精神以及勇于创新的拼搏精神。

4. 课题设计与实施

课题名称			项目三：曲面设计——任务一：螺旋输送机设计	
教学环节	师生活动		教学内容与步骤	教学设计意图
	学生	教师		
任务呈现	① 接受任务 ② 观看演示	① 发布任务 ② 动画演示：传输机械在工程中的作用	① 介绍螺旋输送机 功能：使用旋转的螺旋叶片将物料推移的机械称为螺旋输送机，主要用于水平（倾斜）输送粉状、粒状或小块状物料 特点：结构简单、工作可靠、制造成本低、便于中间装料和卸料 ② 绞龙的作用 绞龙是螺旋输送机的核心部件，本次任务为绞龙的模型创建	① 了解典型机械产品在工程中的应用 ② 明确本次课程学习任务
任务分析	① 讨论交流 ② 结构组成 ③ 建模分析	① 以三维模型展示其结构 ② 分析模型组成及建模流程	① 绞龙结构展示 利用三维模型，多视角展示绞龙结构，并进一步分解为中心旋转柱、叶片和孔等组成要素 	① 逐步培养分析问题的能力 ② 培养学生善于表达、勇于表达的能力

教学环节	师生活动		教学内容与步骤	教学设计意图
	学生	教师		
任务分析			② 建模思路及流程分析 根据模型结构,先利用拉伸创建中心旋转柱,再创建螺旋线,然后利用螺旋线扫描出叶片曲面,再进行加厚处理,最后在两端切出固定孔	
知识准备	① 观看视频 ② 讨论交流 ③ 观看操作示范	① 播放视频 ② 操作示范:构建螺旋线、增厚创建实体	① 介绍螺栓螺母副在机械产品中的应用 ② 观看"永不松动"螺母视频:技术再创新高,中国解锁高铁螺母技术,打开高铁发展新局面 ③ 讨论交流: 如何以案例中的自力更生、永不言败的开拓精神来面对学习上的暂时困难? 引导学生思考如何在产品设计项目中传承严谨细致的工匠精神,来应对每个设计任务 ④ 以螺母为例介绍螺旋线在机械产品设计中的应用 ⑤ 示范螺旋线的创建 ⑥ 绘制截面草图,讲解"穿透"功能的使用 ⑦ 使用扫描功能,创建绞龙曲面 ⑧ 绞龙模型细节处理	① 通过示范,让学生了解操作要点 ② 弘扬自力更生、永不言败、勇于突破国外技术封锁的开拓精神 ③ 培养学生严谨细致的工匠精神
任务实施	建模操作	巡回指导	① 建立模型文件 ② 拉伸创建中心旋转柱 ③ 创建螺旋线 ④ 利用扫描工具创建绞龙曲面 ⑤ 曲面增厚 ⑥ 钻孔 ⑦ 保存文件并提交	通过实践操作完成模型创建,培养学生独立完成工作任务的能力
任务评价	自我评价	对巡视过程中发现的问题进行总体评述	① 分享任务实施中的收获 ② 交流分析实施过程中出现的问题 ③ 详述"穿透"在线框构建中的作用	分享收获,交流学习中遇到问题的解决方法,培养学生合作、交流的能力

（续表）

教学环节	师生活动		教学内容与步骤	教学设计意图
	学生	教师		
巩固提高	① 未完成学生：继续完成本次任务 ② 已完成学生：完成拓展任务	① 展示样例 ② 巡回指导	创新设计：根据展示的三维模型，自行确定尺寸，完成产品模型创建 	巩固特征创建方法，培养学生创新设计能力

5. 成效与反思

（1）成效：机械产品数字化设计更多地依赖于软件建模和仿真验证，在课程的学习中，以"永不松动"螺母的攻坚典型案例，弘扬自力更生、勇于突破国外技术封锁、永不言败的开拓精神，通过案例引导学生在学习中面对暂时的困难不退缩、树立学习自信心，在解决问题的过程中，培养学生严谨细致的工匠精神和勇于创新的开拓精神。

（2）反思：在教学过程中，思政案例载体选取要结合实际，特别是生活、实训场景中学生能够直接接触到的，这样在教学过程中就会更直观，也提升了学生的学习兴趣。结合课程教学内容，思政元素还需进一步挖掘，以真正做到思政教育"润物细无声"。

参考文献

［1］张忠将. SolidWorks 2017 机械设计完全实例教程［M］. 3 版. 北京：机械工业出版社，2017.

［2］好看视频. 技术再创新高！中国解锁高铁螺母技术，打开高铁发展新局面！［EB/OL］.［2023 - 08 - 11］. https：//haokan. baidu. com/v? pd＝wisenatural&vid＝7746289104959034969.

［3］百度. 中国高铁部件！日本"永不松动"螺母原理是啥，会卡我们脖子吗？［EB/OL］.［2023 - 07 - 28］. https：//baijiahao. baidu. com/s? id＝1753294881619908809&wfr＝spider&for＝pc.

可编程控制技术课程思政教学设计案例

上海市材料工程学校　汪慧君

课程基本信息

本课程是中等职业学校工业机器人技术应用专业的专业核心课程,其任务是培养学生掌握可编程控制技术相关知识和技能,具备用 PLC 实现典型电气控制功能的能力。通过学习,学生能够分析典型电气控制的要求,会编制并优化控制程序,通过软件仿真并完成系统调试。在完成本课程相关学习任务中培养学生安全生产规范操作,为后续专业课程学习打下扎实的基础。

授课教师基本情况

汪慧君,女,助理讲师,工学学士,主要从事可编程控制技术、工业机器人操作与编程、高级语言程序设计等智能制造类相关课程的教学。

课程内容简介

课程内容选取,紧紧围绕完成典型可编程控制系统装调所需综合职业能力的培养目标,课程主要内容包括可编程控制器(PLC)认知、基本指令程序编写与调试、步进顺控指令程序编写与调试、功能指令程序编写与调试、典型 PLC 控制系统设计与装调。

课程思政教学目标

本课程思政教学以立德树人作为根本任务,依据专业人才培养方案,依托校企合作及岗位能力需求,结合课程教学内容,融入课程思政元素,培养学生精益求精和科学严谨的工匠精神,树立学生的质量意识和创新意识,激发学生科技强国的家国情怀和使命担当,树立学生的职业自信心。

课程思政融入设计

教学进度 （任务/知识单元）	课程思政点	融入方式	思政育人 预期效果
任务一：可编程控制器（PLC）认知	① 职业自信 ② 科技强国	① 导入新课时，以介绍 PLC 控制工业机器人在航天设备加工应用为切入点，分析可编程控制技术和技术创新在高端制造业中的重要性 ② 课堂小结时，观看 PLC 在高端制造业中应用视频，让学生感受科技的力量，树立国产品牌意识，提升学生科技强国的爱国情怀	① 让学生了解中国高端装备制造业发展现状，树立学生的职业自信心 ② 激发学生科技强国的使命感，发展国产自主品牌的民族情怀
任务二：基本指令程序编写与调试	① 安全规范 ② 一丝不苟 ③ 质量意识	在评价反馈环节，以部分同学因为不够细心而导致调试失败为切入点，引入用焊枪书写荣耀的"大国工匠"张冬伟的思政案例，他规范操作在钢板上"绣花"，每一"针"都细密稳妥，严格焊好每一条钢缝。他用一把电焊枪打破西方造船技术封锁，被誉为国宝级焊接技术工人。培养学生在编程和调试过程中一丝不苟的工匠精神，引导学生提升质量意识	① 养成学生严格遵守安全规范操作和提升质量意识 ② 培养学生一丝不苟的工匠精神
任务三：步进顺控指令程序编写与调试	① 精益求精 ② 创新意识	在讲解运用步进顺控指令编写红绿灯程序时，融入"大国工匠"中国科学院院士王兆龙思政案例，他提出的智能交通管理系统，成功解决了城市交通拥堵和交通事故等问题。PLC 程序编写不仅要精益求精，还要有创新意识	① 引导学生精益求精不断进取 ② 树立学生的创新意识
任务四：功能指令程序编写与调试	① 科学严谨 ② 勇于创新	在讲解运用功能指令编写天塔之光项目时，切入"中国航空发动机之父"顾梦鸥思政案例，他领导和参与了多个系列发动机的研制，他勇于创新，为中国航空工业的发展做出巨大的贡献。让学生在编程设计保持科学严谨，还要勇于创新，不断优化完美程序	① 养成科学严谨的态度 ② 引导学生在程序编写设计中勇于创新、敢于创新

（续表）

教学进度 （任务/知识单元）	课程思政点	融入方式	思政育人 预期效果
任务五：典型 PLC 控制系统设计与装调	① 爱岗敬业 ② 团队合作	以 PLC 控制机械手系统为切入点，介绍王曙群从一名技校生成长为"大国工匠"，他带领中国航天"梦之队"，缔造了"神舟八号"飞船和"天宫一号"完美的"太空之吻"，让学生知道团队合作的力量，在平凡的岗位上脚踏实地，才能"仰望星空"	① 培养学生爱岗敬业、踏实肯干的大国工匠精神 ② 培养学生团队合作精神

典型教学案例

1. 课题名称

任务二：基本指令程序编写与调试——定时器指令

2. 课题目标

【知识目标】

（1）能说出定时器的分类。

（2）能描述接通延时定时器的工作原理。

【技能目标】

（1）会运用接通延时定时器编写简单程序。

（2）能完成指示灯循环点亮控制系统调试。

【素养目标】

（1）养成学生严格遵守安全规范的操作意识。

（2）培养学生一丝不苟的工匠精神。

（3）提升学生的质量意识。

3. 案例阐述

本次课程选择用焊枪书写荣耀的《"大国工匠"张冬伟——超薄钢板焊枪绣花　张冬伟修"心境"达"技境"》思政案例。九层之台，起于垒土，大国工匠之路，也是从零起步。2001 年张冬伟从技校毕业后进入沪东中华造船（集团）有限公司，在工作岗位踏踏实实、一丝不苟，经过 20 年的努力成为高级技师、全国技术能手、国宝级焊接工匠。

观看央视专题片《大国工匠》，让学生领略"大国工匠"张冬伟的风采。液化天然气（LNG）运输船是全球最难造的船之一，与航母、邮轮同被誉为"造船皇冠上的明珠"，其内胆选用热膨胀系数极低的殷瓦钢，钢片厚度仅 0.7 mm，焊接工作好似在纸上雕刻，却不能把纸戳破。殷瓦钢手工焊堪称世界上难度最高的焊接技术，对张冬伟来说却得心应手，他稳稳操控焊枪，在薄如两层蛋壳的殷瓦钢片上"绣出精美钢花"，经他焊接过的殷瓦钢，焊缝细密整齐，犹如银光闪闪的鱼鳞，即便是门外汉也能感受到背后的绝佳技艺。张冬伟始终坚持认为自己"只是一个普通焊工",他在自己平凡的工作岗位上20年如一日,工作中他严格遵守安全规范操作,焊接时一丝不苟,不断提升焊接质量,才能胜任焊接 LNG 船最核心的部件——液货舱围护系统的殷瓦钢,提升了中国造船业的水平。通过案例,增强了学生的质量意识,培养了学生一丝不苟的工匠精神。

4. 设计与实施

课题名称		任务二:基本指令程序编写与调试——定时器指令		
教学环节	师生活动		教学内容与步骤	教学设计意图
	学生	教师		
课前预习	① 查阅资料 ② 完成预习	① 发布学习任务 ② 评价预习作业	① 时间继电器工作原理 ② PLC 定时器额定分类与作用	① 明确学习任务,激发学生的编程兴趣 ② 培养学生的自主学习能力
复习导入	① 观看时间继电器控制电路工作视频 ② 学生思考并回答问题	① 播放视频创建工作情景 ② 引出本次课题	① 分析三相交流异步电动机 Y-△ 降压启动控制线路,总结时间继电器的作用 ② 提出设想:如何解决工业机器人轨迹点的停留	① 巩固知识点 ② 做好新课题铺垫
知识讲解	① 认真听讲 ② 讨论定时器时序图 ③ 总结程序的编写思路 ④ 和教师同步编写程序	① 讲解接通延时定时器指令 ② 仿真演示定时器模块 ③ 启发学生分析时序图 ④ 讲授定时器编程技巧 ⑤ 程序编写	① 接通延时定时器指令(TON) "定时器名" 使能输入 — TON Time — IN Q — 预设值 — PT ET — 当前值 用于单一时间间隔的定时,其指令格式如上图所示 ② 工作原理 IN 引脚(使能输入端):启用定时器; PT 引脚:存储定时器的预设值; Q 引脚:连接定时器的状态输出; ET 引脚:存储定时器当前值。 ③ 分析时序图 ④ 指令应用 用定时器实现两台电动机顺序启动控制。程序如下图所示:	① 让学生知晓接通延时定时器指令 ② 培养学生的逻辑思维和探究能力 ③ 师生互动完成程序编写,体现学中做、做中学

（续表）

教学环节	师生活动		教学内容与步骤	教学设计意图
	学生	教师		
程序编写	① 完成硬件接线 ② 根据教师讲解编写程序	① 分析控制要求 ② 分解程序编写的难点 ③ 播放央视"大国工匠"张冬伟事迹	① 控制要求 指示灯循环点亮系统控制要求如下:按下启动按钮后,3个指示灯循环点亮,每个灯的点亮时间为10 s,如此往复,直到按下停止按钮 ② 分析时序图 ③ 分配I/O地址分配表 ④ 程序编写技巧	① 鼓励学生动手实践,理论联系实际 ② 培养学生一丝不苟的工匠精神
程序调试	① 运用软件虚拟仿真 ② 完成电路检测 ③ 通电调试	① 巡回观察指导 ② 个别辅导纠错	调试步骤: 能按操作规范接线; 正确输入程序; 仿真运行监控; 通电调试	① 深化学生严格遵守安全规范操作的良好习惯 ② 提升学生的质量意识
评价反馈	① 完成自评与互评 ② 整理现场环境	① 讲评学生程序调试过程 ② 播放"大国工匠"张冬伟视频 ③ 讲述6S管理要点	① 学生在评价表上完成自评与互评 ② 教师点评部分同学编程调试中遇到的问题:没有很好地理解定时器的工作原理,调试时不能实现循环功能;或者不够仔细,出现编程失误和接线失误 ③ 播放"大国工匠"张冬伟视频。2001年张冬伟从技校毕业后进入沪东造船厂,在工作岗位踏踏实实、一丝不苟,经过20年的努力成为高级技师、全国技术能手、国宝级焊接工匠。引导同学们在调试过程中一丝不苟 ④ 落实一丝不苟的工匠精神,根据6S管理要求整理现场环境	① 强化学生安全规范操作重要性 ② 培养学生6S管理的职业素养 ③ 培养学生一丝不苟的工匠精神

5. 教学反思

（1）成效：通过张冬伟思政案例的学习，引导学生追求卓越、一丝不苟的工匠精神，将工匠精神融入自己的学习中，激发学生学习可编程技术的积极性。让学生明白科技强国更需要专业知识的有力支撑，培养学生的职业自信心和责任感。学生在程序编写和调试过程中，认真规范、一丝不苟，体现了思政教育的育人效果。

（2）反思：在课堂教学过程中，以思政案例为切入点。思政案例的选择，相对于专业课程更显得举足轻重。讲授专业知识的同时，对学生进行思政教育，相得益彰。尤其是思政案例中的"大国工匠"，他们多源自中职生，经过不懈努力实现人生目标，使学生充满砥砺前行的动力和职业自信心。

部分课程思政内容还需要具有关联性。根据专业知识的递进，课程思政内容也应呈现不断递进的特点，构建专业课程思政体系。

参考文献

【大国工匠】超薄钢板焊枪绣花　张冬伟修"心境"达"技境"［EB/OL］．［2016 - 10 - 04］．http://bgimg.ce.cn/xwzx/gnsz/gdxw/201610/04/t20161004_16487711.shtml.

数控车削技术训练课程思政教学设计案例

上海电机学院附属科技学校　　刘文刚

课程基本信息

本课程是中等职业学校数控技术应用专业数控车工方向的一门专业(技能)方向课，通过完成数控车床操作、零件加工和检测等学习任务，使学生掌握数控车削零件加工相关知识和技能，让学生达到数控车工(四级)职业资格标准中的相关模块要求，具备中等复杂程度零件数控车削加工的职业能力，培养学生养成规范的职业习惯、精益求精的质量意识、保质保量的效率意识、厉行节约的环保意识。

授课教师基本情况

刘文刚，男，高级讲师，工学硕士，主要从事机电专业公差与配合、数控高级应知、数控机床编程、数控车削技术训练、数控铣削技术训练等课程的教学工作。

课程内容简介

本课程的学习内容以"在指导下学会方法、能独立完成加工、能熟练加工简单零件"的三个职业能力层次为线索，用企业典型零件泄压阀为项目载体，设计五个学习任务，涵盖了阶梯轴加工、圆弧轴加工、切槽与切断加工、内孔与内锥加工、螺纹轴加工等教学内容。

课程思政教学目标

以立德树人为根本，以素质教育为核心，基于学生学习情况，结合学校、专业培养要求和实际加工任务，从安全穿戴、方案制定、决策优化、零件加工、精度检测和物料损耗等方面培养学生数控车削加工过程中标准规范的职业习惯、精益求精的质量意识、保质保量的效率意识和厉行节约的环保意识。

课程思政融入设计

教学进度 （任务/知识单元）	课程思政点	融入方式	思政育人 预期效果
任务一：数控车床操作规程与职业规范	安全与标准规范	① 结合机械加工生产企业安全事故案例分析，强调安全生产的重要性 ② 观看安全规范操作视频，教师穿着工作服做操作示范并能保持着装整洁，同时跟学生讲述老师的老师曾经也是这样教授机床操作技能的，进而融入标准规范的职业习惯养成的重要性	学生在教师创设的践行工匠精神教学场景中，感受榜样的力量，使学生形成亲师重道理念，实现工匠精神和技艺的传承
任务二：泄压阀阀杆车削加工	质量意识	介绍任务载体泄压阀时，以泄压阀产品的应用场景为切入点，观看某化工企业安全事故的新闻事件报道，追溯事故产生的原因——某车间泄压阀泄露引发火灾，分析产品质量对于企业安全生产的重要性，引出此次项目学习的任务载体——泄压阀加工	学生在安全事故案例创设的情景中，深刻认识到产品质量的重要性，养成质量意识需从点滴做起
任务三：泄压阀压紧套车削加工	效率意识	在压紧套螺纹加工中，通过分析学生之间单独追求加工质量和单独追求加工速度的数据对比，引出"质量"与"效率"的探讨，结合企业实际生产情况，突出效率意识培养的重要性	激励学生学会竞争与合作，引导学生具备效率意识

教学进度 (任务/知识单元)	课程思政点	融入方式	思政育人 预期效果
任务四:泄压阀手轮车削加工 	环保意识	 通过学习平台中工量具耗材统计数据的分析,评选班级节能先锋,获奖同学进行经验分享发言,引导同学讨论"节能环保"的重要性,进而提高学生的环保意识	通过在保证技能训练效果的同时尽量减少消耗一块刀片、一根棒料的做法,让学生树立勤俭节约意识,致力于建设资源节约型环境友好型社会,努力建设美丽中国,实现中华民族永续发展
任务五:泄压阀加工综合训练 	精益求精	 课堂技能比武后,学生交流获奖感言。总结日常训练点滴,小工匠引出大工匠,播放洪家光事迹介绍视频——微米不差,是技术,也是态度;方寸车床,有血汗,也有硕果。他用匠心为中国战机锻造澎湃"心脏",数十载苦练钻研,摘得现代工业"皇冠上的明珠"。用洪家光事迹鼓励学生锐意进取,追求更高的技术造诣,培养精益求精的工匠精神	充分发挥榜样的力量,学生们感受"大国工匠"洪家光"择一事、终一生"精益求精的工匠精神,"国为重、家为轻"牢记责任的使命感

典型教学案例

1. 课题名称

任务五:泄压阀加工综合训练

2. 课题目标

【知识目标】

掌握简单零件加工中装夹方案、刀具选择、切削参数设置等相关工艺知识。

【技能目标】

(1) 能合理安排简单零件加工工艺,正确选择切削参数。

(2) 能应用仿真软件,正确编写简单零件的加工程序。

(3) 能按照职业鉴定模式完成简单零件加工。

【素养目标】

(1) 结合职业鉴定规范要求，在简单零件加工的考核中养成安全文明生产、节能环保和遵守操作规程的意识。

(2) 在工艺优化、模拟考核、技能比武中养成精益求精的工匠精神。

3. 案例阐述

本次课程选择中国航发沈阳黎明航空发动机有限责任公司（以下简称"中国航发黎明"）车工、数控车双料高级技师洪家光的事迹作为思政案例。中国航发黎明是中国喷气式航空发动机摇篮，出生于1979年的洪家光，1998年走出校门就在那里工作。受教于厂里的多位老师傅，洪家光刻苦钻研，从普通技工到车工再成长为数控车双料高级技师。他先后完成了200多项工装工具技术革新，解决了300多个工装工具技术难题。洪家光与团队成员研制的"航空发动机叶片滚轮精密磨削技术"荣获2017年度国家科学技术进步二等奖。"作为航发人，我传承的不仅是技术，更是'国为重、家为轻、择一事、终一生'的报国情怀"。

"工匠精神是点亮自己，而共产党员更需要带动他人"。洪家光被中共中央授予"全国优秀共产党员"称号。洪家光亲自示范的视频材料《车工技能操作绝技绝活》，先后为行业内外2000余人（次）进行专业技能培训。"洪家光劳模创新工作室""洪家光技能大师工作站"承担起了"传帮带、提技能"的职责。在他与团队成员共同努力下，工作室团队申报并授权31项国家专利，完成创新和攻关项目84项，成果转化63项，解决临时难题65项。

洪家光介绍，中国航发集团成立以来，特别重视对青年技术技能人才的成长，出台了很多好的配套政策，为广大青年提供施展的舞台、成长的阶梯和进步的空间。洪家光说："没有党的培养，就没有我今天取得的成绩。未来，我将继续牢记航发人肩负的责任和使命，以精湛的技艺打造国之重器，发扬好、传承好航发精神，感染身边人、更多人献身航发事业，为奋力跑出科研生产'加速度'砥砺前行、忠诚奉献。"

4. 课题设计与实施

课题名称			任务五：泄压阀加工综合训练	
教学环节	师生活动		教学内容与步骤	教学设计意图
	学生	教师		
习（课前）接收信息自主复习	① 学生在网络平台接收学习任务，分析任务描述，明确任务要求	① 教师在学习平台上发布本堂课学习任务，制作泄压阀零件加工工序考题及实训中心工量具物料资源	① 接收学习信息 利用网络云平台发布本次课堂的学习信息——抽取泄压阀零件加工工序考题及实训中心工量具物料资源	① 发布学习任务，明确学习内容及要求，为接下来的零件考核做准备

(续表)

教学环节	师生活动		教学内容与步骤	教学设计意图
	学生	教师		
习（课前）接收信息 自主复习	② 观看简单零件加工的相关活页式教学资源、视频，自主完成对已学知识的复习、巩固 ③ 完成检测练习，并提交平台批阅	② 整理数字化学习资源，上传在线开放平台 ③ 发布测验练习试题，查看平台统计结果	② 预复习知识点 复习简单零件的工艺安排及加工方法、相关指令的应用 ③ 知识点检测 检测零件的装夹方式、刀具的选择、切削参数、走刀路线、程序指令应用，分析学生的预复习情况，呈现全班数据统计结果	② 开放式的学习资源增加了学生学习空间，培养学生自主学习、探究的能力 ③ 掌握学生课前学习情况，为课上教学内容调整提供依据
第1学时 析（课中） 15 min 学情导入 工艺分析	① 结合平台统计数据，思考前序学习任务中存在的问题 ② 确定刀具、量具、夹具、切削参数等加工工艺方案	① 分析各小组前序学习任务的平台统计数据，提出存在的问题。兼顾差异化学习和知识点均布的原则，指派考核内容 ② 发布本堂课的加工任务二维码，查看成绩反馈	① 明确简单零件加工工艺方案涉及知识点 包括车刀量具的使用、夹具的选择、切削参数的选择（V_a、f、A_p）、加工顺序的制定等 ② 加工工艺卡片的制定	① 根据平台数据统计，因材施教，实现个性化学习 ② 通过 TCMP 平台，使学生学会利用现有资源（理论知识和设施设备）制定合理的任务实施方案，并由平台进行评价
第1学时 仿（课中） 10 min 程序编制 仿真模拟	① 制定走刀路线，编制考核零件加工程序 ② 设置仿真软件参数 ③ 使用数控加工仿真软件进行模拟加工	① 巡视观看学生操作，记录出现问题 ② 利用仿真软件检测数据，帮助学生分析问题产生原因	① 零件编程的走刀路线，零件加工程序编制 ② 仿真软件的使用 ③ 校验程序、检验加工方案	① 将理论知识学以致用 ② 利用数控加工仿真软件模拟加工流程，提高教学效率 ③ 检验评价学生学习情况

（续表）

教学环节	师生活动		教学内容与步骤	教学设计意图
	学生	教师		
第1学时 测 （课中） 25 min 加工准备 零件试做	① 观看安全、职业规范教育讲解 ② 根据物料清单，领取毛坯、刀具、工量夹具 ③ 扫描机床二维码，确认工位，完成加工准备 ④ 操作机床完成零件加工 ⑤ 使用MPM模块进行零件尺寸测量，完成测量数据上传，观看加工过程视频，进行组内自查	① 对学生进行车间安全、职业规范教育 ② 为学生准备毛坯、刀具、工量夹具 ③ 分配机床工位 ④ 根据平台提示的信息，为学生做好技术保障 ⑤ 引导学生进行零件测量；引导学生回看视频，进行加工过程自查	① 进行安全、职业规范教育 ② 物料清单 ③ 设备管理 ④ 简单零件加工 ⑤ 尺寸检测量具的正确使用	① 使学生具有安全文明生产和遵守职业规范的意识 ② 建立无纸化实训车间，科学、有效管理实训设备、物料、人员，提高实训课堂教学效率 ③ 利用平台监控学生实训情况，提高教学效率 ④ 利用视频录播设备直播、录制记录学生的加工过程 ⑤ 掌握数字测量工具的使用方法，检测练习件加工过程中存在的问题
第2学时 评 （课中） 28 min 自评分享 互评讨论	① 同学代表发言，自我评价 ② 随机发言	① 引导学生，发现问题 ② 引导学生探讨减小误差产生的改进措施	① 误差分析 学生自我评价，分析产生误差原因；引导学生分析误差产生的原因 ② 改进措施 学生讨论加工改进措施，同学间互评	① 培养学生表达能力和分析问题的能力 ② 锻炼学生的社会能力
第2学时 拓 （课中） 3 min 项目分析 承上启下	思考两个几何尺寸都合格的简单零件无法完成装配的原因	将前序任务加工的三个零件进行装配，检验加工质量问题，提出引导性问题：为何零件几何尺寸都合格，却无法完成装配	找出简单零件与典型零件的差异 	激发兴趣，引导思考，为后续课程的学习做好铺垫

（续表）

教学环节	师生活动		教学内容与步骤	教学设计意图
	学生	教师		
第2学时结（课中）14 min 记录报告 总结寄语	① 获奖学生代表分享阶段学习的心得体会 ② 优秀学生代表进行技能比拼，交流获奖感言及日常训练点滴 ③ 观看"大国工匠"视频，思考如何在自己的数控加工中传承精益求精的工匠精神，以此转化为自己的学习动力 ④ 结合实训过程，体会教师寄语的含义	① 根据项目全过程数据统计分析，为获奖学生颁发奖杯 最佳协作、节能先锋、质量之星、技术能手 ② 结合数据统计，选取学生代表展示简单零件加工过程，引导学生结合自身经历，谈经验体会 ③ 教师点评引导学生思考，如何传承精益求精的工匠精神 ④ 送寄语 质量控制求精益方案决策有依据反复训练悟技巧评价总结提能力安全规范要牢记厉行节约重效益团结协作共进步习理强技筑匠艺	① 简单零件加工知识技能点的总结和提炼 团队协作意识强化、节约耗材方法、加工质量控制技巧、加工效率提高方法 ② 提升质量与提高速度的方法，渗透精益求精、追求卓越的学习理念 ③ 播放洪家光事迹介绍视频——微米不差，是技术，也是态度；方寸车床，有血汗，也有硕果。他用匠心为中国战机锻造澎湃"心脏"，数十载苦练钻研，摘得现代工业"皇冠上的明珠"。用洪家光事迹鼓励学生锐意进取，追求更高的技术造诣，培养精益求精的工匠精神 ④ 课题小总结	① 学生养成善于总结归纳的好习惯，用五轴加工机床设计加工奖杯激励学生的进取心；通过个人能力、社会能力、专业能力、方法能力的四维职业核心能力的评价激励学生全面发展 ② 示范展示所学技能，树立学习标杆，突破教学难点 ③ 充分发挥榜样的力量，让学生感受洪家光"择一事、终一生"精益求精的工匠精神和"国为重、家为轻"牢记责任的使命感 ④ 将知识技能点与思政教育相结合，提高职业能力
补（课后）查漏补缺	在学习平台上完成观看视频的任务，并完善知识点总结	布置观看课堂录制视频和回顾任务涉及知识、技能点	简单零件加工方法 以网络学习平台的方式，及时收集、分析学生数据统计结果	教师了解学生全过程学习情况

5. 成效与反思

（1）成效：本次课题通过选择中国航发黎明车工、数控车双料高级技师洪家光的事迹，将知识的传授、能力的培养与价值观塑造相互统一，充分发挥榜样的力量，让学生感受他"择一事、终一生"精益求精的工匠精神和"国为重、家为轻"牢记责任的使命感。通过大数据分析加工时间、加工精度、原材料使用量、刀具损耗量、工件达标量等评价指标，培养学生的安全规范、团队协作等综合职业素养。

（2）反思：本课程以"熟能生巧"的理念开展实训教学，娴熟的加工操作能激发学生学习热情，但部分学生重速度轻质量，所以应将零件精度的等级评价与企业产品检验标准相结合，继续深挖"大国工匠"洪家光事迹，做到既兼顾对学生技能掌握程度的肯定，又为学生树立质量为上的意识，培养学生精益求精的工匠精神。最终实现"思政渗透春风化雨，素养形成润物无声"的教育目的。

参考文献

胸中有个"大国工匠梦"——记党的二十大代表、中国航发黎明高级技师洪家光［EB/OL］．［2022-09-29］．https：//baijiahao.baidu.com/s？id＝1745255303708773805&wfr＝spider&for＝pc.

机械零部件加工课程思政教学设计案例

上海电机学院附属科技学校　于海洋

课程基本信息

本课程是中等职业学校机电技术应用专业的一门专业核心课程,其任务是使学生掌握零件加工过程中所需的基本知识与技能,具备机械加工的职业能力,为机械系统拆装、机电设备维修等课程的学习打下基础。在完成本课程相关学习任务中,培养学生质量意识,使学生具备较强的职业自豪感、使命感和精益求精的工作作风。

授课教师基本情况

于海洋,男,高级讲师,工学硕士,主要从事机电技术应用专业机械基础、机械系统拆装、机械零部件加工等课程的教学。

课程内容简介

课程内容选取,紧紧围绕完成机械零部件加工所需的综合职业能力为培养目标。课程主要内容包括机械加工安全文明生产认知、划线、錾削、锯削、锉削、孔加工、螺纹加工、手用工具制作、阶梯轴车削、平面铣削等十个学习任务。

课程思政教学目标

本课程思政教学以立德树人为根本任务。结合实际加工任务,培养学生吃苦耐劳的工作作风和严谨细致、精益求精的工匠精神;引导学生树立强国有我的崇高理想;激发学生技术成才、技能报国的家国情怀;养成具体问题具体分析的工程思维,增强职业认同感和自豪感。

课程思政融入设计

教学进度 （任务/知识单元）	课程思政点	融入方式	思政育人 预期效果
任务一：机械加工安全文明生产认知	技能报国	在资讯环节引入"中国制造2025"的相关介绍，了解制造业是立国之本、强国之基、兴国之器，树立技能报国的远大理想，为实现中华民族伟大复兴贡献力量	引导学生树立技能报国的远大理想，增强职业自豪感和使命感
任务二：划线	严谨细致	划线需要做到正确、清晰、完整、规范，如果划线不准确，就会影响后续加工。在评价环节引入《大国工匠》李云鹤事迹——风刀沙剑，面壁一生；洞中一日，笔下千年；以心做笔，以血为墨；让风化的历史暗香浮动，绚烂重生	让学生感受钳工划线，以及图纸上绘图与金属上绘图的区别，体验严谨细致、一丝不苟的重要性
任务三：錾削	吃苦耐劳	錾削需要学生手、眼、脑结合，刚刚开始錾削，会发生手被锤子击中的现象，如果退缩就会前功尽弃。课程引入环节，播放《大国工匠》孟剑锋事迹——3000年古艺的思政案例。他纯手工錾刻，以出神入化的技艺缔造国礼，让世界见证中华工艺美术巅峰。闪耀的共和国勋章、国家荣誉奖章、北京2022冬奥徽宝……折射出他千锤百炼、进无止境的事迹。让学生感受"付出终有回报"的吃苦耐劳的精神	引导学生感受"一分耕耘一分收获""付出终有回报"的深刻意义，培养学生吃苦耐劳的工作作风
任务四：锯削	标准意识	在钳工加工中，锯削多用于去除余量，锯削质量决定后续加工的效率和质量。在锯削加工时间环节，引入《大国工匠》方文墨事迹——比教科书标准更高，比数控机床精度更准。他创造手工锉削"文墨精度"，名震装备制造业，助力中国航空工业奋起，领跑全球。通过案例引导，使学生在锯削过程中感受到质量的变化，强调遵守标准的重要性	培养学生的标准意识

（续表）

教学进度（任务/知识单元）	课程思政点	融入方式	思政育人预期效果
任务五：锉削	精益求精	锉削一般作为钳工的最后工序，锉削质量将决定工件的质量。在评价环节引入《大国工匠》周皓事迹——一把锉刀，铁屑飞溅，日练万次。他让自主研发的深海科研装备"乘风破浪"，在大海深处任意遨游。引导学生在锉削过程中感受到质量的变化，从而知道应该达到什么标准、怎么达到、如何检测。培养学生不断追求卓越、精益求精。	引导学生不断追求卓越、精益求精的工匠精神
任务六：孔加工	安全意识	通过钻孔、扩孔、铰孔，引导学生感受钻床所带来的便捷和高效，但是若使用不当则会发生安全事故。在执行环节引入《大国工匠》竺士杰事迹——复杂天气、船型不一，他毫不担忧；动态环境、操作升级，他毫不畏难。练就百米高空"穿针引线""定海神针"的技艺，助推企业走上"世界强港"的舞台。强调遵守钻床操作规程、安全操作。	培养学生树立"安全才能生产、生产必须安全"、遵守规程、安全操作的意识
任务七：螺纹加工	工程思维	齿轮泵内螺纹滑牙，可以更换齿轮泵、采用增大内螺纹尺寸，配合相应的螺栓、扩孔攻螺纹、内螺纹修复套等方式解决，根据具体情况进行方法选择。在小组讨论螺纹修复方法选择环节，引入《大国工匠》巩鹏事迹——与板锉、钻头"厮守"30年，至微至精，追求极致质量，锤炼卓越技能；精细研磨，为国铸剑，身为七尺男儿汉，志在鹰击九重天。通过螺纹修复，增强学生具体问题具体分析的能力，培养学生的工程思维	培养学生的良好的工程思维习惯和较强的工程思维能力
任务八：手用工具制作	严谨细致	通过对手用工具的制作，引导学生深刻体会"基础"的重要性。在资讯环节引入《大国工匠》胡双钱事迹——毫厘挑战，极致细微，用数十万个飞机零件书写了"无差错"记录；临危受命，屡克难关，为中国大飞机启航打造关键一环；中国航空梦，印上了他的"指纹"。培养学生树立锐意进取意识，追求更高的技术造诣	引导学生感受打牢基本功的重要性，培养严谨细致的工匠精神

教学进度 (任务/知识单元)	课程思政点	融入方式	思政育人 预期效果
任务九:阶梯轴车削 	效率意识	在阶梯轴车削环节,引入《大国工匠》洪海涛事迹——埋首岗位,操控车床;精益求精,逐梦长空。导弹发射,千万里征途,离不开他控制的 0.01 mm。引导学生在质量优先的前提下,提高加工效率,培养效率意识	通过真实案例引导,选择不同加工参数,使学生深刻认识效率与质量的重要性
任务十:平面铣削 	质量意识	在平面铣削加工环节,引入《大国工匠》刘湘宾事迹——与铣刀为伍,铸大国重器。在以微米度量的惯性导航系统里,他坚守寂寞,不断超越;用一点点缩小的精度,一次次书写中国航天技术的跃进。引导学生树立"质量为本"的意识	通过真实案例,使学生深刻认识到产品质量的重要性,养成质量意识培养从点滴做起

典型教学案例

1. 课题名称

任务七:螺纹加工

2. 课程目标

【知识目标】

(1)列举螺纹修复的方法。

(2)解释螺纹修复的基本操作流程。

(3)说明螺纹修复加工工艺。

【技能目标】

(1)会分析判断内螺纹修复的不同方法。

(2)能按规范流程完成修复损坏内螺纹。

【素养目标】

通过内螺纹修复,养成具体问题具体分析的工程思维,增强职业自豪感。

3. 案例阐述

本次课程选择钳工首席技师巩鹏事迹作为思政案例,他承担导弹武器控制系统关键零件的加工和生产任务,是"毛发钻孔"和"巩氏研磨法"的发明者,曾获"中华技能大奖""全国技术能手"等荣誉称号。参加工作以来,一万多个日日夜夜,他的双手在工件上"翩翩起舞",他的汗水在工服上浸出"各国地图",30年保持"零失误"。

通过学习巩鹏事迹,让学生感受到巩鹏在平凡岗位上,面对实践中遇到的困难没有退缩,千方百计想办法、出主意,不断攻克难关,最终解决生产难题。

4. 课题设计与实施

课题名称			任务七:螺纹加工——内螺纹修复	
教学环节	师生活动		教学内容与步骤	教学设计意图
	学生	教师		
资讯	① 学习安全操作规程 ② 分析任务 ③ 信息收集、整理	① 播放安全教育视频 ② 布置任务	① 安全教育 ② 布置任务:汽车漏油,经 4S 店检测,系齿轮泵因一个内螺纹滑牙导致,目前没有配件,教师指导同学们分析、研究解决方案 ③ 获取信息	① 培养学生的安全意识 ② 明确本次学习任务 ③ 培养学生收集信息的能力
计划	通过查阅资料获得信息,制定内螺纹修复方案,并进行交流	统计学生修复方案	研究方案,制定修复计划: 经过统计,学生选择螺纹修复的方法有更换齿轮泵、增大螺纹尺寸、扩孔加销轴、螺纹修复套件等。 ① 增大螺纹尺寸 在条件允许情况下,通过增大内螺纹尺寸,配合相应的螺栓,来解决内螺纹损坏的问题。加工工艺如下:	学生分工协作,共同制定计划,培养学生团队意识

教学环节	师生活动		教学内容与步骤	教学设计意图
	学生	教师		
计划				

序号	内容	工量具
1	计算螺纹底孔直径	
2	根据计算，选择麻花钻，钻孔	麻花钻
3	孔口倒角	锪钻
4	攻螺纹	丝锥、铰杠
5	检查	
6	清理	

先确定增大后螺纹的尺寸，计算螺纹底孔直径，再按照螺纹操作流程完成攻螺纹加工，最后检查是否符合要求。

② 扩孔加销轴

如果条件允许，就可以将螺纹孔扩大，配合相同材料的销轴并固定，然后重新攻螺纹，不改变螺纹尺寸。加工工艺是先在原螺纹孔上进行扩孔，再加工配合。加工工艺如下：

序号	内容	工量具
1	在原螺纹孔上进行扩孔	麻花钻
2	加工配合销轴	车刀
3	安装销轴并固定	
4	重新攻螺纹	丝锥
5	检查	
6	清理	

③ 螺纹修复套件

该方法是选用专用螺纹修复工具进行修复。加工工艺如下：

序号	内容	工量具
1	钻孔	专用麻花钻
2	攻螺纹	专用丝锥
3	装入螺纹套	专用工具
4	去除套柄	锤子、冲子
5	检验	
6	清理	

（续表）

教学环节	师生活动		教学内容与步骤	教学设计意图
	学生	教师		
决策	① 各组介绍自己所学习的螺纹修复方法 ② 根据方案,在试验件上进行内螺纹修复	① 根据统计结果分组,主导分享活动,引导分享更深入 ② 巡视指导、评价	① 以小组为单位,展示制定的计划,各组介绍自己所学习的螺纹修复方法 ② 根据不同的情况选择合适的方案,在模拟试验件上试做,避免因操作失误或经验不足产生废品,运用所选方法完成内螺纹修复 	① 培养学生的语言表达能力,成员间相互补充,使展示制定的计划更加深入,增强学生的集体荣誉感 ② 培养学生具体问题具体分析的能力,以及质量意识、节约意识
执行	螺纹修复	巡视指导、评价	根据不同的情况,选择合适的方法: ① 内螺纹修复方法选择 ② 总结交流不同内螺纹修复方法的特点及应用场合,进行齿轮泵内螺纹修复。学生遇到方案选择不正确时,及时加以指导	培养学生具体问题具体分析的意识
检查	学生自查互查	巡视指导	针对修复过程进行。检查操作是否规范、螺纹是否合格。通过修复操作,掌握操作要领,巩固攻螺纹操作	培养学生的规范意识、质量意识以及精益求精的工匠精神
评价	① 总结 ② 整理工位	主导分享活动,总结分析	① 小组讨论,总结交流不同修复方法以及应用的场合 ② 教师 PPT 介绍《大国工匠》巩鹏事迹——与板锉、钻头"厮守"30 年,至微至精,追求极致质量,锤炼卓越技能;精细研磨,为国铸剑,身为七尺男儿汉,志在鹰击九重天。他在工作中发明了"毛发钻孔"和"巩氏研磨法"	① 学以致用,培养学生的职业自豪感 ② 通过"大国工匠"事迹介绍,让学生感受到,遇到困难积极应对,想办法、找对策,养成具体问题具体分析的工程思维,增强职业自豪感

5. 成效与反思

（1）成效：思政案例契合专业素养定位，通过学习发现大多数同学已经掌握螺纹修复，部分学生的总结和表达能力还需加强。以典型生产案例为载体，学生运用所学知识解决生产实际中的问题，遇到问题时，有想法、有措施，会比较、能选择。学生的职业自豪感和认同感有显著增强，同时感悟到"中国制造 2025"国家战略任重道远，需要一代人接着一代人干，不断提升技能报国意识。

（2）反思：德技并修应做到润物无声，只有能做到思政元素融入教学实施的每一个环节，贯穿教学过程始末，达到"润物无声、育人无形"，才能真正实现学生在专业课学习中德技并修。后续应深挖"大国工匠"精神内涵，收集更多细化、多维的思政元素案例应用于课程教学中。

参考文献

航天三院"大国工匠"巩鹏荣获首届"中国质量工匠"[EB/OL].[2018-02-09]. https://baijiahao.baidu.com/s?id=15919096652167887603&wfr=spider&for=pc.

机电设备控制技术课程思政教学设计案例

上海电子信息职业技术学院　黄　颖

课程基本信息

本课程是中等职业学校机电技术应用专业的一门专业核心课程,其任务是培养学生机电设备 PLC 编程和调试的能力,具备简单任务的 PLC 编程和调试的基本技能。通过学习,学生能够对典型工作任务进行任务要求分析、查阅资料、控制要求理解、梯形图编辑、功能实施、检测或维护。在完成学习任务的过程中,培养学生团队合作精神和独立思考的能力,使学生具备正确的择业观、价值观、人生观。

授课教师基本情况

黄颖,女,高级讲师,主要从事机电专业的机电设备控制技术、自动化技术、液压气动系统、传感器与检测技术等课程的教学。

课程内容简介

课程内容以机电设备控制技术中的典型任务为线索设计,以围绕完成机电设备控制技术课程所需的综合职业能力为培养目标。课程主要内容包括:三相交流异步电动机 Y-△启动控制、三相交流异步电动机的正反转控制、彩灯闪烁的控制、传输带电机的自动控制、智力竞赛抢答装置的控制、仓库门开闭的自动控制等。

课程思政教学目标

本课程思政教学目标是通过展示自动化控制领域的前沿技术和中国的自动化控制技术发展现状,激发学生的职业认同感,提升学生服务机电行业发展的使命感和责任感。在机电设备 PLC 编程和调试的学习任务中,培养学生的安全规范操作意识,激发学生树立精益求精、严谨细致的工匠精神;在引导学生应用 PLC 系统等技术手段实现公平公正的过程中,提升学生对专业学习的动力,培养学生公平竞争、诚实守信的职业道德观。

课程思政融入设计

教学进度 （任务/知识单元）	课程思政点	融入方式	思政育人 预期效果
任务一：三相交流异步电动机Y-△启动控制	① 责任担当 ② 爱岗敬业	① 在学习任务引入部分，介绍工业4.0及中国智能制造的发展，分析自动化控制对中国经济发展的重要性 ② 在教学过程中，观看"尚品宅配"工业4.0工厂视频，了解中国高科技发展的现状	① 培养学生科技报国的责任担当意识 ② 感受智能化工厂的先进性，激发职业认同感
任务二：三相交流异步电动机的正反转控制	安全规范	本次课程中，学生从正反转控制电路入手，学习PLC编程。以"相间短路"为切入点，介绍PLC操作安全规范，通过学生违规操作案例分析，观看教师安全规范操作视频，强调人身安全、设备安全及规范意识养成的重要性	① 养成严格遵守PLC操作规范和工作标准的良好行为习惯 ② 树立安全意识
任务三：彩灯闪烁的控制	精益求精	在彩灯闪烁控制任务编程时，需要学生反复修改程序，以此为切入点，介绍"大国工匠 大技贵精"航天科技集团九院铣工李峰：减少一微米变形，能缩小火箭几公里的轨道误差，完美诠释了精益求精、追求极致的工匠精神	感悟精益求精的工匠精神在学习态度上就是，努力认真，不怕失败，一丝不苟，不断进取
任务四：传输带电机的自动控制	自强不息	以讲解传送带电机控制中的传感器为切入点，介绍微电子所研究员黄令仪的事迹，她说："我这辈子最大的心愿就是匍匐在地，擦干祖国身上的耻辱。"年近八十依然坚守在"龙芯"研发中心，只为尽快解决国家芯片"卡脖子"问题。引导学生敢于创造、勇于奋斗的精神	树立少年强则中国强，不甘落后的责任感和使命感

教学进度 (任务/知识单元)	课程思政点	融入方式	思政育人 预期效果
任务五:智力竞赛抢答装置的控制 主持人 A组　　　B组	诚实守信	智力竞赛抢答的基础是公平公正,以这个为切入点,使学生树立正确的合作和竞争观念,遵守比赛规则,尊重竞争对手,实现合作共赢	通过技术手段去实现公平公正,形成办事公道、爱岗敬业的职业道德观
任务六:仓库门开闭的自动控制 超声波开关SQ3 门位电动机M 开门上限开关SQ1 关门下限开关SQ2	严谨细致	以仓库门开闭控制任务复杂为触点,特别是体会自动控制、手动控制的关联条件。需要学生反复调试,才能确保控制程序的正确性——车辆或人不被仓库门夹住。提醒学生在编制 PLC 程序时,要耐心、细心,考虑全面,才能真正完成客户的要求	使学生认识到,一个不合理的条件,可能会出现生产事故。在 PLC 编程时养成严谨、耐心、细心的习惯

典型教学案例

1. 课题名称

任务三:彩灯闪烁的控制

2. 课题目标

【知识目标】

(1) 了解定时器的使用。

(2) 掌握闪烁控制程序的特点及应用场景。

(3) 理解交通灯闪烁的控制要求。

【技能目标】

(1) 能正确使用定时器进行梯形图程序编写。

(2) 熟练运用三菱 FX 编程软件。

(3) 能够正确编制彩灯闪烁控制程序。

(4) 能够独立完成彩灯闪烁控制线路安装和功能调试。

【素养目标】

(1) 养成精益求精的工匠精神。

(2) 激发爱国主义为核心的民族精神。

(3) 培养学生敢于创新的时代精神。

3. 案例阐述

本次课程选择"大国工匠　大技贵精"——航天科技集团九院铣工李峰的事迹为思政案例。在加工航天关键零件时，都有一个尺寸标准的零位，李峰在上万次的加工中，找准了自己对事业的定位，那就是聚神专注、精益求精。27年来，经李峰加工后验收的产品没有任何质量问题，加工出的零件完全符合标准、精确无误。

通过观看"《大国工匠　大技贵精》李峰：减少一微米变形，能缩小火箭几公里的轨道误差的"视频，让学生看到同为普通人的李峰，是航天人中最平凡的一个角色，也是千万工匠中最普通的一员，正是

他们平凡的存在和坚守，才创造了中国航天事业的一个又一个奇迹。"27年，我只干了铣工这一个行业。""打磨的不仅是零件，更是一种航天人的心性。""练就炉火纯青的本领，做一个超精密加工行业的良匠！"平凡的人、平凡的话语，在平凡岗位中却实现了不平常的人生。

4. 课题设计与实施

课题名称		任务三：彩灯闪烁的控制	
教学环节	师生活动	教学内容与步骤	教学设计意图
	学生 / 教师		
咨询	① 调研查询 ② 资料收集 ／ ① 安全教育 ② 布置任务	① 安全教育 ② 布置任务：某路口的红绿灯时长需要重新进行设计，绿灯先长亮 X 秒，然后闪烁三次，红灯长亮 Y 秒。根据控制要求设计一个解决方案 ③ 学生收集完成本次任务需要用到的程序指令等信息，并明确本次编程所需的新知识	① 培养学生的安全规范意识 ② 明确本次课程学习任务 ③ 培养学生收集信息的能力
计划	制定编程计划，小组讨论 ／ ① 讲解新知识点 ② 指出本次任务的重难点 ③ 播放彩灯闪烁的仿真动画	① 教师讲解定时器的二分频应用，以及彩灯闪烁编程的注意点 ② 学生小组讨论彩灯闪烁的控制要求，并进行绿灯长亮、绿灯闪烁、红灯长亮三个控制程序编写 ③ 仿真动画：绿灯长亮、闪烁的控制要求，红灯长亮，相关定时器工作，教师播放彩灯闪烁的仿真动画	① 学生在完成任务的过程中，主动学习新的知识点，从被动学习变为主动学习 ② 通过仿真动画，使学生对彩灯闪烁的具体控制内容，有更深理解

（续表）

教学环节	师生活动		教学内容与步骤	教学设计意图
	学生	教师		
决策	① 验证程序 ② 修改定稿	疑难问题指导	① 学生将绿灯长亮、绿灯闪烁、红灯长亮三个梯形图程序输入仿真软件,进行验证 ② 针对反馈问题——双线圈输出、长亮闪烁启动停止条件等,进行小组分析修改完善 ③ 教师对程序进行验证审核 ④ 确定程序,准备进行仿真实训台接线调试	① 经过对程序的反复验证修改,引导学生认真的工作态度 ② 培养学生分析问题、解决问题的能力
执行	① 端口接线 ② 现场调试	① 安全教育 ② 巡回指导	① 教师在学生使用仿真实训台前再次进行安全教育 ② 学生进行仿真实训台接线调试	① 培养学生 PLC 设备操作安全、规范意识 ② 掌握 PLC 仿真实训台操作步骤,完成彩灯闪烁功能调试
检查	检测并填写工作页	① 巡回指导 ② 根据工作页,查看学生检测结果	① 学生进行输入输出端口接线 ② 使用电脑进行梯形图程序输入 ③ 分析调试结果,并总结调试过程中遇到的问题是如何解决的	① 培养学生的操作规范意识 ② 通过对彩灯闪烁程序功能的检查,培养学生耐心、细心、反复探索的精神
评价	① 自评、互评 ② 工位整理	教师点评	① 学生在评价表上完成自评、互评 ② 教师点评。针对部分同学出现的错误问题进行讨论 ③ 小组讨论:PLC 技术人员是如何做到正确完成客户的要求 ④ 教师播放视频,《大国工匠》李峰:减少一微米变形,能缩小火箭几公里的轨道误差 ⑤ 引导学生思考:如何在自己的PLC 编程应用中传承勇于探索、精益求精的工匠精神 ⑥ 学生将感受到的"工匠精神"转化为自己在学习上的动力 ⑦ 进行工位整理,保持环境卫生	① 培养学生诚信的职业道德 ② 培养学生注重环保的意识 ③ 通过观看"大国工匠"视频,让学生知道如何把一件事做到极致,引导学生感悟、认同并提升自己,培养学生精益求精的工匠精神

5. 成效与反思

（1）成效：通过"大国工匠"李峰思政案例的学习，让学生知道，在学习上认真努力、不怕失败、不断进取，就是精益求精的工匠精神的体现。如何在 PLC 编程应用的课程中，实现精益求精的工匠精神的传承？针对这个问题，组织学生进行讨论学习，并通过一个个 PLC 梯形图程序的编写、调试、修改、完善，使学生更加深刻地认识到"精益求精"的工匠精神，真正实现在专业课教学中思政教育的"落地生根"。

（2）反思：在课堂思政的教学过程中，思政案例、思政元素的选择很重要，既要贴近专业知识，又要有一定的"高度"。学生在完成学习任务的过程中，真正体验到该堂课所要达到的思政要求。课堂思政的内容，不能生搬硬套，教师的深层次发掘思政元素、思政案例很重要，教师先行，才能更好地引导学生，最终形成合适、合理的思政课堂教学。

参考文献

《大国工匠》|第六集　大技贵精［EB/OL］.［2019 - 02 - 11］. https://www. bilibili. com/video/av43222133/? p＝6.

数控电火花线切割加工课程思政教学设计案例

上海工商信息学校　葛丽静

📋 **课程基本信息**

本课程是中等职业学校数控技术应用专业、模具制造技术专业学生必修的专业课程。其主要任务是通过完成若干典型零件的线切割加工,使学生掌握快走丝、中走丝和慢走丝三种电火花线切割机床加工零件的相关知识和操作技能,让学生具备加工传统切削类机床不适合加工的高硬度、高强度和形状复杂零件的能力。在完成本课程的相关学习任务中,注重培养学生发现问题、分析问题、解决问题的工程思维及精益求精的工匠精神。

🎓 **授课教师基本情况**

葛丽静,女,讲师,教育硕士、工学学士,主要从事数控专业和模具专业的数控电火花线切割加工、数控铣削加工、气液压传动等课程的教学。

📖 **课程内容简介**

本课程以四个典型的企业产品为教学载体,通过"跟单"模式的校企深度融合,以工作过程为导向,开发四个电火花线切割加工项目教学案例:窄槽的线切割加工、定位块的线切割加工、内孔零件的线切割加工、凹凸模零件的线切割加工。其中项目1涵盖"学习新技术"这一内容,下设两个学习模块:一是建立电火花线切割加工概念,二是学习电火花线切割加工基本操作。其余三个项目按照技能的生成规律,在教学内容上相互融合,在学习难度上螺旋上升,兼顾课程学习内容的完整性和技能提升的层级性。

📋 **课程思政教学目标**

本课程以立德树人为根本,结合专业和课程特点,围绕电火花线切割加工的发展史挖掘思政教育资源,激发学生的家国情怀和责任担当意识;在学习电火花线切割的加工过程中,结合线切割加工的特点,培养学生统筹兼顾的工程思维,提升学生精益求精的工匠精神;对比三种电火花线切割加工的特点,增强学生的创新意识和环保意识。

课程思政融入设计

结合本课程学习特点,全面梳理教学内容,系统设计思政融入方式,抓住教学关键环节,依次递进融入思政元素,实现教学内容的"双重解读"。

教学进度 (任务/知识单元)	课程思政点	融入方式	思政育人 预期效果
任务一:窄槽的线切割加工	① 职业认同	① 在课题引入环节,通过引导学生观看精密的线切割产品和对线切割加工的应用范围分析,提升学生的职业认同感	① 感受线切割技术的奇妙、精巧,提升职业认同感
	② 家国情怀 责任担当	② 在介绍电火花线切割机床的发展史环节,通过对中国第一台电火花设备艰难诞生的过程介绍,激发学生崇尚科学的情感和对中国科学家的敬仰精神,激发学生的家国情怀,增强技术强国的责任感	② 感悟前辈们的家国情怀,增强民族自豪感,提升责任担当意识
	③ 安全与规范意识	③ 在整理着装进入实训场地、操作技能训练、物品整理整顿、实训场地清理等环节,借助 6S 管理专题教育成果。通过 6S 管理活动训练,提升学生的安全与规范意识	③ 养成严格遵守操作规范的良好行为习惯,树立安全生产意识
	④ 质量意识	④ 在线切割加工过程中,通过对线切割加工流程的实践体验,在质量分析环节,通过零件尺寸测量、零件表面质量分析,引导学生反思加工流程,分析影响加工质量的因素,提升学生的质量意识	④ 在分析影响零件加工质量的因素中,体验严谨工作的重要性,提升精益求精的质量意识
任务二:定位块的线切割加工	工匠精神	在结合定位块零件的实际装夹情况,确定加工工艺环节。通过对实际零件的尺寸检测、案例分析和加工方案对比,培养学生实事求是、严谨细致、精益求精的工匠精神 **注**:任务二是在任务一完成的基础上,从学习操作方法到小组合作完成加工的过渡	对比零件质量与加工方案,感受零件加工的严谨性,培养实事求是、严谨细致的工匠精神
任务三:内孔零件的线切割加工	工程思维	以内孔零件的加工过程为切入点,让同学们在实际生产加工中感受线切割加工的特点:一刀成形。带领学生分析加工工艺,反复验证,以确保加工的准确性,培育学生发现问题、分析问题、解决问题的统筹兼顾的工程思维 **注**:任务三是在任务一、二完成的基础上,要求学生能够独立完成加工	思考线切割加工现象,体悟"凡事预则立不预则废""行百里者半九十"的做人做事道理。形成统筹兼顾的工程思维

(续表)

教学进度 (任务/知识单元)	课程思政点	融入方式	思政育人 预期效果
任务四:凹凸模零件的线切割加工 	① 环保意识 ② 创新意识	① 在接触与了解慢走丝电火花线切割的过程中,同学们会认识到,慢走丝的工作液为纯净水,对比快走丝和中走丝所用的乳化液,用真实的车间味觉感受,强化环保意识 ② 慢走丝线切割加工的精度比快走丝和中走丝加工精度高出许多,且在加工内轮廓时无需手动穿丝。在体验高智能操作的同时,刷新学生对创新精神的再认知,增强提升核心竞争力的使命感	提升环保意识和创新意识,用实例敦促同学们要努力学习、苦练技能、不断提升核心竞争力

典型教学案例

1. 课题名称

任务一:窄槽的线切割加工——精准驱动工作台

2. 课题目标

【知识目标】

(1) 牢记操作面板上常用功能按钮的作用。

(2) 熟知手轮、电机与工作台之间的驱动关系。

【技能目标】

熟练运用手轮、电机驱动工作台,完成窄槽的切割加工。

【素养目标】

(1) 养成遵守操作规程的职业习惯。

(2) 具备家国情怀、具有民族自豪感。

(3) 具有责任担当意识。

3. 案例阐述

本次课程是学生第一次操作电火花线切割机床,选择中国第一台电火花设备艰难诞生过程介绍作为思政案例。学生刚进入实训车间,就面对五种不同类型的电火花设备,内心充满好奇,此时播放自制思政案例视频,向学生展示中国第一台电火花设备艰难诞生的过程。1943年,苏联科学院院士拉扎连柯夫妇研究开关触点遭受火花放电腐蚀损坏的现象和原因时,发现电火花的瞬时高温可使局部的金属熔化、气化而被蚀除,开创和发明了电火花加工。中国从事电火花研究起步较早,20世纪60年代初,中国遭遇三年困难时期内忧外患,但是上海科学院电工研究所工程师们,在缺吃少穿的困难中,依然奋发图强克服重重困难,研制出中国第一台国产仿形电火花设备。20世纪60年代末,上海电表厂张维良工程师在阳极-机械切割技术的基础上发明出中国独创的高速走丝线切割机床;复旦大学配套研制出电火花线切割数控系统。从此电火花线切割加工技术如雨后春笋在中国迅速发展起来。

通过对历史故事的追溯,让学生了解中国电火花设备艰难诞生的过程,了解20世纪60年代处于困难时期的中国,有那么一群科学家,他们在内忧外患中奋发图强的家国情怀和责任担当给国家和民族带来了希望。感悟当今世界,我们正处于百年未有之大变局中,综合国力竞争与人才竞争日渐激烈,我们应继承和发扬老一辈科学家胸怀祖国、服务人民的优秀品质,心怀"国之大者",为国分忧、为国解难、为国尽责。

4. 课题设计与实施

课题名称			窄槽的线切割加工——精准驱动工作台	
教学环节	师生活动		教学内容与步骤	教学设计意图
	学生	教师		
课前自习	自主学习	发布任务	教师:发布工作台驱动方法与线切割加工注意事项的学习任务 学生:登录教学平台,学习工作台驱动方法与线切割加工注意事项相关资源 教师:查阅和分析学生自主学习情况	激发兴趣,形成初步认知,培养自主学习能力
课前准备	整理服装列队进入实训车间	强调安全注意事项	教师:对学生进行实训室着装操作安全教育,并对学生着装、整队、学习用品放置情况进行详细检查与点评 学生:整改并牢记进入实训室的着装要求等	强化安全意识,迅速进入学习和工作状态
任务导入	① 反思讨论 ② 明确任务	① 引导互动 ② 布置任务	① 问题导入:第一台电火花机床是怎么诞生的? 组织学生观看中国电火花技术的发展历程视频,组织学生讨论,中国科学家在困难时期,在内忧外患中奋发图强,勇立潮头,给国家和民族带来了希望,激发共鸣和感悟 ② 项目任务导入:编制手轮的使用说明	引发对国力竞争、科技创新等思考,激发家国情怀、民族自豪感,提升责任担当意识
分析任务	① 明确项目任务和实施方法 ② 思考在操作过程中的注意事项 ③ 谨记安全注意事项	① 预设问题引导思考和观察 ② 强调操作注意事项	① 项目任务分析 回忆在教学平台预习过程中的认知,思考:说明书需要呈现哪些内容?有哪些资讯有助于我们解决问题?如何实施探究活动? ② 安全注意事项强调 禁止按动任何不了解、不熟悉的按钮。禁止用湿手按开关或接触电器部分。注意钼丝位置,避免钼丝与工件或工装产生干涉而造成断丝	明确任务,引发思考,明确安全注意事项

(续表)

教学环节	师生活动		教学内容与步骤	教学设计意图
	学生	教师		
尝试任务	动手操作	巡回指导	学生:小组合作探究,依据操作细化单,熟悉手轮控制盒上的功能按钮,尝试探索手轮、电机与工作台驱动之间的关系,精准驱动工作台 在操作过程中,发现问题—竞相纠错—反馈问题—优化方案—尝试解决问题 教师:巡回指导,引导探究思考	在操作过程中发现、分析、尝试解决问题
交流反馈	① 组内总结 ② 组间交流	① 指导提醒 ② 反馈点评	① 学生填写任务操作细化单 正负向辨别原则:根据钼丝移动方向判断坐标方向; 明确驱动关系,内化操作方法 ② 反馈操作过程中的问题,分享经验体会	① 通过问题反馈与分析,明确手轮、电机与工作台驱动之间的关系,引导学生对关键知识点与技能点的理解水平与探究意识 ② 注重启发式教学,引导学生发现问题、分析问题、思考问题,让学生通过思考水到渠成地得出结论并去解决之前操作中的失误
强化训练	① 小组合作,再次训练和验证 ② 任务完成后进行整理、整顿、清扫等活动	① 提醒规范操作要求 ② 巡回指导	① 小组合作反复训练,掌握精准驱动方法,加强规范练习强度。修正任务操作细化单内容 ② 进行整理、整顿、清扫等活动,让6S在每一次教学中得到落实与强化	① 加强规范操作意识 ② 内化对手轮、电机的使用功能认识 ③ 提升职业素养
总结评价	总结内化	总结点评	总结归纳: ① 手轮、电机驱动工作台的注意事项 ② 电极丝移动方向与手轮转动之间的关系 ③ 手轮的功能和使用注意事项 ④ 学生互评学习态度,特别在6S中的表现	① 达成知识和技能学习目标 ② 强化规范操作意识,以及精度和质量意识 ③ 提升职业素养

（续表）

教学环节	师生活动		教学内容与步骤	教学设计意图
	学生	教师		
课后拓展	① 完成学习通平台上的复习与预习作业 ② 完成项目任务：编制手轮的使用说明			通过编写，再次巩固课上所学知识技能，同时书写能训练逻辑思维、激发高阶思维活动

5. 成效与反思

（1）成效：把握时机，润物无声育匠人。学生初次接触电火花机床，好奇心和新鲜感最强，是激发学习兴趣、强化规范意识、融合情感价值的关键时机。教师带领学生共同追溯中国第一台国产仿形电火花设备诞生的过程，使学生感悟在困难时期的中国科学家们在内忧外患中奋发图强的家国情怀和责任担当。教师适时点拨科技创新对国力竞争的重要性，引发思考，产生共鸣，达到良好的思政效果。

在课前、课中都强化着装、操作等规范要求，强化学生安全意识，做好规范要求，并在此后的每次教学中都认真坚持整理、整顿、清扫工作，使学生逐步适应和接受车间的学习要求，达到内化职业素养的目的。

（2）反思：课程思政需要结合教学情境和学生情绪点才能有效渗透。除了匹配教学内容的德育素材，还需教师甄选与中职生身份相符的思政案例，让同学们找到"同道中人"的感觉，遵循"思政"与"课程内容"相长原则，顺势点拨、交流互动，引导学生感悟共鸣。课前的整装、列队要求和平时教学中的整理、整顿、清扫等活动是提升学生职业素养的有力手段，贵在坚持，需要师生持之以恒，形成习惯。

课程思政内容需要系统设计，才能有效内化。如果课程思政的内容仅停留在知识传授的层面，那么很难激发学生深层次的思考与认同，更无法实现学生思想认知、思维能力和思想行为的培养。在今后的教学中，应结合课程和教学特点，构建促进系统性、完整性课程思政教育的思想体系。

普通车削加工课程思政教学设计案例

上海工商信息学校　梁小梅

课程基本信息

本课程是中等职业学校数控技术应用专业的一门专业核心课程,其任务是培养学生普通车削加工的能力,具备轴、套类零件车削的基本技能。通过学习,学生能够正确使用普通车削加工所需的各种工量具;能熟练阅读分析车削加工的零件图纸和工艺文件,加工轴类、套类、盘类以及复杂零件。在完成本课程的相关学习任务中,培养协作精神,提升质量意识和创新思维能力。

授课教师基本情况

梁小梅,女,讲师,工学学士,主要从事数控技术专业机械基础、机械制图、普通车削加工、计算机辅助设计(CAD)等课程的教学。

课程内容简介

课程内容选取,紧紧围绕完成普通车削加工所需的综合职业能力为培养目标。课程主要内容包括普通车床基础知识、车削轴类零件、车削套类零件、车削盘类零件、车削复杂零件等五个学习任务。

课程思政教学目标

本课程思政教学以立德树人作为根本任务。结合专业培养要求和课程特点,围绕普通车削加工必备的知识与技能,培养学生耐心专注、精益求精的工匠精神,激发学生的民族自豪感和职业认同感,促进学生质量意识的提升和创新思维能力的发展。

课程思政融入设计

教学进度 （任务/知识单元）	课程思政点	融入方式	思政育人 预期效果
任务一：普通车床基础知识 CA6140×1500	① 民族自豪 ② 职业认同	① 在课程导入环节，介绍工业 4.0 与中国制造 2025 等。向学生讲授机械、智能制造等的发展历史，分析中国正从"中国制造"到"中国创造"的工业发展趋势 ② 在介绍普通车床环节，引入普通车床加工精美零件的过程视频，感受普通车削加工之美	① 从中国制造业的高速发展，感受中国制造在世界制造业中的地位之高，激发民族自豪感 ② 激发学习兴趣，点燃将来投身机械制造业的理想信念，提升职业认同感
任务二：车削轴类零件	① 安全意识 ② 质量意识	① 在分析任务时，以螺纹轴为载体，介绍普通车削加工过程中需要注意的安全生产要求，以图片的方式展示不安全生产造成的后果，起到警醒的作用 ② 在课程总结时，播放大国工匠的视频，介绍为超级起重机加工核心零部件的"大国工匠"——数控高级技师孟维；孟维为解决异形螺纹因精度不够造成产品质量不佳的问题，反复钻研加工技术并研发刀具，以保证质量。诠释了质量为先的质量意识，展现了刻苦钻研的精神	① 提高安全生产的意识 ② 感受保证质量对于加工生产的重要性，培养质量意识
任务三：车削套类零件	精益求精	在分析车削套类零件的加工过程时，以刀具角度、切削三要素的选取为切入点，融入加工过程中所需的精益求精的精神。如：车削套类零件时，由于是在工件内表面，无法观察到车削的实际情况，因此对切削所用到的刀具角度要精确、切削三要素选取要合理。让学生明白精益求精的重要性以及如何在加工过程中做到精益求精	注重严谨的工作态度和严格的细节把控，培养精益求精的工匠精神，同时强化质量意识

(续表)

教学进度 (任务/知识单元)	课程思政点	融入方式	思政育人 预期效果
任务四:车削盘类零件 	耐心专注	在车削盘类零件加工环节,展示"大国工匠"——戴志阳专注于岗位工作的事迹:戴志阳为了提升技能,沉下心来苦练钻孔技术,最终能够做到在 35 s 内完成在鸡蛋壳上的钻孔,使得鸡蛋壳破而鸡蛋膜不破。展现行业精英的全身心投入,使学生得到熏陶,并希望同学们以此为榜样	理解在学习、生活中"沉下来"的重要性,领悟耐心专注在生产加工中就是全身心地投入到自己的工作岗位中
任务五:车削复杂零件 	① 协作意识 ② 创新思维	① 在讲述复杂零件的加工工艺时,以复杂零件的车削加工为例,如:复杂零件正式车削之前需要先确定好加工工序,每一道工序对于这个零件而言都是至关重要且互相关联的。让学生明白,一个完整零件的呈现是每道工序认真对待、以集体力量团结而成的,不能忽略任何一个个体 ② 以分析零件的加工工艺作为切入点,引导学生分析不同工艺的优缺点,交流分享自己设计的加工工艺	① 注重提升协作意识,培养团队合作的精神 ② 提升改进切削三要素的选用以及设计加工工序的能力,不断开拓创新思维

典型教学案例

1. 课题名称

任务二:车削轴类零件——倒顺车法车削三角形外螺纹

2. 课题目标

【知识目标】

能复述倒顺车法车削三角形外螺纹的优点。

【技能目标】

(1) 能使用螺纹环规检测三角形外螺纹。

(2) 能根据图纸要求,用倒顺车法车削三角形外螺纹。

【素养目标】

(1) 强化安全生产与规范的意识。

（2）具备质量意识，感悟精益求精的工匠精神。

3. 案例阐述

本次课程选择"大国工匠"孟维作为思政案例。介绍为超级起重机加工核心零部件的"大国工匠"——数控高级技师孟维：孟维是江苏省徐州重型机械有限公司技能工艺师，被评选为 2022 年"大国工匠年度人物"。他在按照图纸生产一个重达 227 kg 的异形螺纹时，由于精度不达要求存在应力集中风险，易发生断裂。由孟维牵头组成三人攻坚小组，推翻了 20 多种方案，反复钻研加工技术并研发刀具，进行优化论证，最终为异形螺纹研制出一套精确到微米的专用刀具，成功通过极限测试，使螺纹精度达标。这项关键技术的突破，不仅保证了产品的加工质量，还成就了徐工集团"全球第一吊"的地位。

通过大国工匠孟维的事迹，让学生充分认识到加工质量对于一个产品的重要性，明白原本在学校学习的普通车削加工基础知识用到综合要求更高的生产一线是远远不够的，引导学生要学会利用业余时间勤学、勤问、勤实践，坚持"学以致用"，把"死"知识变成真本领，不研究彻底绝不放过。

4. 课题设计与实施

课题名称		任务二：车削轴类零件——倒顺车法车削三角形外螺纹		
教学环节	师生活动		教学内容与步骤	教学设计意图
	学生	教师		
课前预习	课前预习认识螺纹环规的相关内容	① 布置预习任务 ② 检查汇总	① 教师在超星平台上发布"认识螺纹环规"的预习任务 ② 学生学习螺纹环规的检测方法 ③ 检查、汇总学生学习情况	课前认知相关教学内容
兴趣导入	观看视频，激发兴趣	播放视频	播放螺纹轴的三维仿真动画，展示已经加工完成的配重块和一端的螺纹	提升学生的学习兴趣
问题回顾	讨论回答	问题回顾	教师对上次课程进行总结，呈现个别同学出现的问题：用提开合螺母法加工三角形外螺纹时个别同学出现"乱牙"现象	激发学生解决问题的热情

(续表)

教学环节	师生活动		教学内容与步骤	教学设计意图
	学生	教师		
提出任务	明确任务	提出任务	教师分析图纸,提出任务: ① 使用螺纹环规进行检测 ② 使用倒顺车法车削三角形外螺纹	明确学习任务
分析任务	**认识螺纹环规** ① 认真思考 ② 认真判断 ③ 注意测量安全 ④ 仔细聆听,认真思考,回答问题	**认识螺纹环规** ① 引导学生认识螺纹环规 ② 播放视频 ③ 安全规范操作提示 ④ 提出问题,引导学生思考	**认识螺纹环规** ① 学生根据教师提问做出判断并拿出相应环规。理清螺纹环规的"T"和"Z"各代表什么 ② 教师引导学生根据视频内容判断螺纹是否合格,评估学生是否掌握螺纹环规的检测方法 ③ 教师展示不安全操作造成严重后果的图片,提醒学生加工过程中要注意测量和加工的安全提示 ④ 教师提出问题:用 M16×1.5-6h 的螺纹环规进行检测,可以吗? 让学生能够根据图纸要求选用量具	激发学生的安全规范意识,为后续螺纹加工中的测量与安全规范做好准备
	倒顺车 ① 认真观看,仔细思考 ② 组织语言,积极回答 ③ 认真观看,仔细思考 ④ 明确任务	**倒顺车** ① 演示仿真软件 ② 播放微课程视频 ③ 布置练习要求和任务	**倒顺车** ① 在课堂上演示:教师操作普通车削加工虚拟仿真软件,提醒学生观察关键动作 ② 学生根据软件仿真过程,总结提开合螺母法和倒顺车法加工螺纹的区别 ③ 教师播放倒顺车法车削螺纹的微课程视频,结合视频进行关键动作和环节的讲解 ④ 再次强调加工任务为用倒顺车法完成三角形外螺纹的车削	与运用提开合螺母法车削螺纹对比,进行技能迁移,提升学生的动手操作能力
实施任务	① 空车练习倒顺车 ② 尝试加工 ③ 积极讨论,理清精车思路 ④ 精加工螺纹	① 巡视,指导 ② 引导先做完的同学思考拓展问题 ③ 集中指导 ④ 巡视,鼓励。布置装配任务	① 学生按照要求,完成空车倒顺车练习,并在线提交任务完成情况。教师通过课堂实时评价平台,掌握学生课堂动态 ② 学生初次尝试倒顺车法车削三角形外螺纹,用螺纹环规检测(初次加工至上次课能用螺母配合进的牙高) ③ 教师从加工精度、加工效率和操作的可实施性角度,分析指导学生在精车阶段如何车削以保证螺纹符合螺纹环规的检测要求,强调车削和检测的规范 ④ 学生用倒顺车法车削,用螺纹环规检测,保证螺纹的加工精度,使工件质量合格。加工完成后在线提交检测结果、打扫机床、整理工量具。教师提醒学生加工和检测要有耐心、有细心,引导先做完的同学完成螺纹的互检,完成装配	① 在螺纹加工和检测的实践中,进一步明确规范意识 ② 以"做中学"的方式引导学生要关注加工质量,强化学生的质量意识,培养学生的细心、耐心和精益求精的工匠精神

（续表）

教学环节	师生活动		教学内容与步骤	教学设计意图
	学生	教师		
拓展提升（机动）	了解拓展任务。课上没有完成的部分，课后查找资料、认真完成	提前布置拓展任务	拓展任务：如果工件材料换为铸铁，刀具材料换为 K20，那么切削螺距为 3 mm 的螺纹，查找资料，完成以下练习： ① 选用何种车削方法 ② 切削三要素如何选用 ③ 精车时有哪些注意事项	培养学生收集信息、查找资料的能力
评价总结	① 互检，完成装配 ② 总结交流	① 巡视指导 ② 课堂总结	① 学生互检，完成哑铃装配 ② 教师引导学生对比提开合螺母法和倒顺车法，总结其各自优点；根据平台数据分析、总结 ③ 小组讨论：对于螺纹加工，是否只要内外螺纹能够配合就能保证质量 ④ 教师播放大国工匠的视频，展示为超级起重机加工核心零部件的"大国工匠"——数控高级技师孟维的案例 ⑤ 分析讨论作为中职生，在当下学习阶段应当如何为未来进入职场保证产品的质量做准备	① 从"怎样做"上升到"怎样做得更好"，培养学生精益求精的职业精神 ② 在哑铃装配的过程中，培养动手能力和团队合作精神 ③ 通过大国工匠的案例，让同学们明白保证质量对于一个产品的重要性，要注意提升质量意识，并要有为了保证质量能刻苦钻研的精神

5. 成效与反思

（1）成效：结合中职学生的身心发展特点和课程知识内容，有针对性地选用大国工匠突破复杂螺纹加工技术的案例，提升学生的质量意识。同时将安全生产、精益求精等融入螺纹的加工过程，实现课程思政贯穿整节课，努力做到职业素养的提升始终与技能的学习同步推进，德技并修，收到了良好的效果。

（2）反思：本次课程思政方面还存在一些不足。例如，思政元素和专业课程知识点的结合深度还需优化；思想政治理论体系范围太广，还需要更多的专业课教师不断努力，进一步挖掘其中蕴含的思政元素，探究课程思政教学开展的方式方法，提高专业课育人效果。

参考文献

［1］张敬骥,张海红,李鑫,等.普通车削技术训练［M］.北京:高等教育出版社,2015.

［2］2022 年大国工匠年度人物|孟维:精密零部件的"雕刻师"助力大国重器研发制造［EB/OL］.［2023 - 07 - 28］. https://www.workercn.cn/c/2023-03-01/7750281.shtml.

工业机器人技术应用课程思政教学设计案例

上海市工商外国语学校　吕冬梅

课程基本信息

工业机器人技术应用课程是中高职贯通机电一体化技术专业的一门专业必修课程，是电气系统安装与调试、液压气动系统安装与调试的后续课程，为学生进一步学习可编程控制系统构建与运行、自动线安装与调试等课程奠定基础。通过本课程的学习，学生能够完成机器人的编程与调试，掌握工业机器人基本工作站的安装、编程、调试与运行维护等相关技能。在完成本课程相关学习任务过程中，帮助学生养成安全规范操作意识、创新意识、效能意识、工程伦理意识，使其具备精益求精的工匠精神，提升学生的社会责任感，为后续综合应用课程的学习和未来胜任工程技术工作奠定必要的基础。

授课教师基本情况

吕冬梅，女，高级讲师，硕士研究生，主要从事机电专业工业机器人技术、电机拖动技术和电路分析及应用等课程的教学工作。

课程内容简介

课程按照项目任务的框架结构，采用任务导向的教学方法，涵盖工业机器人基础操作和工业机器人基本应用等内容，具体内容包括工业机器人轨迹描绘任务编程与操作、物料取放和搬运任务编程与操作、工业机器人物料码垛任务编程与操作、工业机器人工件装配任务编程与操作、工业机器人玻璃涂胶任务编程与操作、工业机器人检测排列任务编程与操作等六个学习任务。

课程思政教学目标

本课程思政教学以立德树人作为根本任务，结合课程特点及工业机器人的易用性好、智能化水平高、生产效率及安全性高等特点，培养学生的效能意识，提高学生的安全规范操作意识，使学生具备精益求精的工匠精神，做到遵守工程伦理。通过展示智能制造领域的科技创新发展，培养学生的创新意识，激发学生的爱国情怀，树立科技报国的理想信念。

课程思政融入设计

教学进度 （任务/知识单元）	课程思政点	融入方式	思政育人 预期效果
任务一：工业机器人轨迹描绘任务编程与操作	① 科技报国情怀 ② 求实创新意识	① 介绍"中国制造2025"发展战略和中国制造业领先世界的科技成果，说明科技创新发展对一个国家和民族的重要性 ② 观看机器人在不同工业领域中的应用视频，感受科技创新之魅力	① 感受科技的力量，树立科技报国的理想信念 ② 挖掘工业机器人科技发展动态，培养学生的科技创新理念，使其认识到科技是第一生产力
任务二：物料取放和搬运任务编程与操作	① 求实创新意识 ② 工匠精神：精益求精	① 以京东物流搬运视频为切入点，从企业的视角展示机器人的搬运效率，感受科技创新的力量 ② 在物料取放与搬运的工艺流程设计环节，切入大国工匠"机器人专家"蒋刚的视频案例。蒋刚设计的"龙骑战神"六足机器人从结构创新设计、控制系统研制开发等方面经过了上百次的反复优化，完美诠释了精湛技艺、精益求精的工匠精神	① 激发科技创新的意识和责任感 ② 增强对精益求精的工匠精神的认同，深刻认识到工匠精神在日常工作与学习中的体现是敬业、精益、专注和创新
任务三：工业机器人物料码垛任务编程与操作	工匠精神：精益求精、勇于创新	过长的搬运路径使机器人运行效率降低，要结合实际，在优化路径中寻求机器人的最佳运动轨迹，培养精益求精的职业品质；通过挑战多样化的码垛形式，培养学生精雕细琢、精益求精、勇于创新的工匠精神	理论联系实际，强化解决实际问题及知识迁移创新的能力。培养始终如一、坚持不懈、精益求精的职业精神
任务四：工业机器人工件装配任务编程与操作	安全规范意识	① 通过介绍机器人工件装配操作过程中错误操作引起的安全事故，强调安全生产与规范防护的重要性 ② 通过理论与实践一体化实训及教师示范操作标准，分析操作要领，对照工作流程，掌握操作流程和标准。通过言传身教，让学生养成规范标准的行为习惯	养成严格遵守操作规范和工作标准的良好行为习惯，树立安全规范操作意识

（续表）

教学进度 （任务/知识单元）	课程思政点	融入方式	思政育人 预期效果
任务五：工业机器人玻璃涂胶任务编程与操作	效能意识	在玻璃涂胶任务导入环节，通过观看机器人玻璃涂胶自动化视频，了解高速机器人玻璃涂胶安装工作站能提高生产工艺的自动化程度，提高20%的节拍，降低工人的劳动强度，提高涂胶及装配质量，还可以节约10%的原料，保证了风挡玻璃装配质量的稳定性。强调工业机器人技术创新对工艺传承、优化提升效率、节约成本的重要性	增强工业机器人技术应用中的效能意识和资源节约意识
任务六：工业机器人检测排列任务编程与操作	工程伦理意识	在学生进行机器人检测练习时，引入机器人技术应用的社会热点问题，引导学生思考智能化生产中机器人和人之间的关系，关注机器人技术研发应遵循的工程伦理及工程实践中应遵守的职业道德	提高工程伦理意识，增进对人类伦理秩序与技术和谐发展重要性的认同

典型教学案例

1. 课题名称

任务二：物料取放和搬运任务编程与操作

2. 课题目标

【知识目标】

（1）能准确分析机器人物料取放和搬运的工艺流程。

（2）能完整规划出物料取放和搬运的运动轨迹。

【技能目标】

（1）正确选择并安装夹具、模型，并连接气动线路。

（2）正确操作物料取放和搬运。

【素养目标】

（1）激发科技创新意识和职业责任感。

（2）培养精益求精的工匠精神。

3. 案例阐述

本次课程选择"京东物流视频"和"大国工匠——机器人专家蒋刚"的故事作为两个思政案例。通过"京东物流视频"，全景展现一体化供应链中的"机器人"操作过程，感受科技创新的蓬勃力量，培养学生科技创新意识和精益求精的敬业精神。

通过播放"大国工匠——机器人专家蒋刚"视频,介绍西南科技大学制造科学与工程学院副院长蒋刚十余年如一日致力于机电一体化、机器人技术研究和教学工作,目前已经研制成功"龙骑战神军民两用大型重载电液伺服驱动六足机器人""危险环境智能探测机器人""基于小型反应堆的可移动式中子成像检测多功能承载机器人""节能环保警民两用智能平衡巡逻装备"等多个功能强大的机器人。研制机器人绝非一个人单枪匹马就能完成,而是需要一个精英团队共同开展科技攻关,无论是作为一名教师,还是作为团队的领导者,他把自己的知识和技术传授出去,把自己对机器人的这份专注传递下去,如今,他创立的"西南科技大学先进机电技术创新团队"已经为社会培养输送高端科技精英人才 786人。通过蒋刚用科技创新和精益求精的工匠精神打造未来科技的故事,让学生感受科技的力量,培养学生一丝不苟、精益求精的敬业精神。

4. 课题设计与实施

课题名称			任务二:物料取放和搬运任务编程与操作	
教学环节	师生活动		教学内容与步骤	教学设计意图
	学生	教师		
预习	① 资料收集 ② 团队组建 ③ 预习新知	① 安全教育 ② 布置任务	① 通过云平台推送"工业机器人轨迹运行模型安装"微课程 ② 通过云平台推送"工业机器人轨迹运行模型安装"习题 ③ 通过平台推送"图块搬运任务"微课程和习题 ④ 查看并优化系统智能分组方案	① 回顾旧知,拓展提升 ② 做好铺垫,引出新知 ③ 利用混合式教学,将简单学习任务前置到课前,确保教学的有效性 ④ 平台根据及时反馈的数据进行智能分组
导入	小组讨论 明确任务	① 任务导入 ② 点评预习情况 ③ 播放京东物流视频	① 情境引导: 问:双十一货物量激增的情况下,如何实现高效有序的搬运任务? 答案(可选):A. 人力;B. 机器人+人;C. 机器人搬运 ② 分析工作任务,点评学生预习情况 ③ 问:机器人是如何实现取放与搬运任务的? ——机器人从传动带末端抓取物料块,并将其放在托盘的指定位置 ④ 通过京东物流视频,从企业的视角展示让学生进一步明确本次课程的任务,同时感受机器人科技的创新发展	① 真实项目,真实场景,让学生进入真实的工作状态。真实工作任务引领教学过程,激发学生学习兴趣 ② 机器人对一个物料的抓取及搬运,是机器人搬运及码垛的基础,只有基础夯实,机器人搬运更多物品时才能变得游刃有余。通过京东物流视频,既让学生明确学习任务,又培养了学生科技创新的意识和职业责任感

（续表）

教学环节	师生活动		教学内容与步骤	教学设计意图
	学生	教师		
探究	① 探究物料取放与搬运工艺流程图 ② 归纳口诀	疑难问题指导	① 一问 问:根据课前云平台推送"工业机器人轨迹运行模型安装"微课,能否将物料取放与搬运的工艺流程设计出来? 引导学生从实际出发,讨论工艺流程方案;师生一起讨论分析学生上传的方案(针对其中一组有问题的同学的答案给与师生评价); 播放"机器人专家"蒋刚工匠精神打造未来科技的视频 提示1: 在实际工作过程中,为了加强对路径的可控性,机器人从原点出发后,在到达取料点和放料点的预设路径中,应该多示教几个过渡点,避免发生碰撞事故 提示2: 机器人用气动抓手抓紧工件,考虑机器人运动和抓取工件的稳定性和安全性,尽量要使机械手垂直上升,所以取料和放料位置的过渡点应设在它们的正上方 ② 二问 问:路径设定后,是否可以马上搬运? 不能搬运的原因是什么? 以提问的方式引出本节课程的教学重点 **知识链接:** 如果机器人是用于搬运,就需要设置有效载荷 loaddata,因为对于搬运机器人,手臂承受的重量是不断变化的。所以,不仅要正确设定夹具的质量和重心数据 tooldata,还要设置搬运对象的质量和重心数据 loaddata ③ 三问 进一步追问:思考读取及清除有效载荷数据设置什么具体位置?	① 一问与课前导入呼应,引出本次课程知识目标(1);通过两个 Tips 引导学生在实际操作中要时刻关注安全性、稳定性及其可控性等多维度;通过小组讨论等,培养学生团队协作精神,激发学生的科技创新意识和职业责任感 结合学生在课堂上不够严谨的行为,通过一个视频,进一步引导学生养成一丝不苟、精益求精的工作习惯和敬业精神 ② 二问以提问的方式引出本节课程的教学重点 ③ 三问结合实际情况,引导同学们对于效率的关注,循序渐进提高工程化思维能力 ④ 通过提问引导学生,分析问题要全面、系统,养成严谨细致的学习习惯;利用平台和工艺流程图,培养学生精益求精的工作习惯,增强数字化思维与高效节能意识,培养学生精益求精的工匠精神 ⑤ 通过朗朗上口的口诀练习,高效突破教学重难点

（续表）

教学环节	师生活动		教学内容与步骤	教学设计意图
	学生	教师		
探究			提示3： 在实际生产中，机器人每天搬运成千上万件产品，过长的搬运路径会增加很多无效工作时间，使机器人运行效率降低，所以要结合实际，尽可能地优化路径、归纳出取放和搬运流程口诀	
编程	① 程序编写 ② 现场调试	① 安全教育 ② 巡回指导	① 布置任务 登录学习平台，根据有效载荷数据设置视频讲解，完成程序编制任务 ② 观察并参与学生讨论，引导学生完成物料取放与搬运的程序编写 问题一： 加载与卸载有效载荷时程序指令的位置在哪里？ 问题二： 如何减少示教器的工作量？ ③ 分析各组编写的程序并要求同学们将结果上传平台 延伸：没有用 offs 偏移指令，需要定位的点数明显增多，有悖于路径优化。从而引出上述两个问题的答案	理虚互补： ① 通过两个编程中常出错问题的引导，同学们顺利完成物料取放与搬运程序编写，能完整规划出物料取放和搬运的轨迹 ② 通过虚拟仿真进行验证。虚拟仿真可以在有限的时间内保证全员参与探究，提高效能意识，高效突破教学重难点 ③ 完成虚拟程序调试任务，形成"规划—设计—编写—调试—运行"物料取放和搬运任务思路 ④ 这两个问题的提出与第二部分的探究流程一一对应，形成知识的逻辑自洽，形成解决问题的能力
实践	物料取放与搬运的尝试操作	① 巡回指导 ② 针对性讲解 ③ 观察学生行为并评价	① 布置任务 以小组为单位合作，根据工艺流程，完成物料取放与搬运任务 ② 引导学生高度关注实训室安全、职业规范教育；巡视学生操作情况，对学生实施的过程进行监督，对出现的问题给予指导	虚实互补： ① 操作中始终贯彻具有安全意识和遵守职业规范意识 ② 通过小组间交流分享操作过程中的心得，锻炼学生的语言表达能力和解决问题的能力，突破教学难点

（续表）

教学环节	师生活动		教学内容与步骤	教学设计意图
	学生	教师		
实践			③ 通过数据分析,找到检测薄弱点,请学生分享操作过程及解决方法。引导学生思考这些问题该如何突破 ④ 示范在物料抓取过程中出现问题较多的操作,针对性讲解操作要领 ⑤ 进一步巡视引导学生;针对个别学生的问题有针对性指导,保证学生有序参与,观察学生行为并打分	③ 教师示范操作标准,分析操作要领;学生通过观看实时视频,对照工作流程,掌握操作流程和标准。通过言传身教,让学生感受工匠精神,突破难点 ④ 第二轮操作时相邻两组组长对调,取长补短;学生有序参与,规范安全使用机器人设备。巩固取放与搬运知识点,达成教学目标
评价	① 自评、互评 ② 现场环境整理	教师点评	① 根据学生自评、互评表及任务实施过程中教师对学生存在的问题,进行综合评价 问题一: 为什么在实训的过程中夹爪还没有到达指定的位置就打开了?后果是什么? 问题二: 为什么机器人 TCP 路径轨迹不能精确到达目标点? ② 融合1+X,帮助学生明确要点、加深理解、形成技巧	① 借助雷达图进行教学评价,帮助学生有针对性地进行总结反思 ② 将1+X融入教学任务中,实现课证融通通过问题进一步引导,解答学生实训过程中出现的问题,同时引出下节课程教学内容,进一步训练师生教学的迁移能力

5. 教学反思

（1）成效：课堂借助案例、大国工匠视频等思政教学资源，通过引入大国工匠机器人专家蒋刚案例及介绍工业机器人在现实生活中的应用实例，创设实施课程思政教学的良好氛围，在专业课教学过程中有机融合思政元素，较为有效地达成课堂的思政育人目标。

（2）反思：课程思政素材较为单薄，融入方式缺乏多样化和灵活性，后续将借鉴其他专业课程优秀思政教育实施方法和相关资源，进行更多的课程思政育人实践，提升自身的课程思政实施能力。在课堂评价环节，未能实现评价主体的多元化，在以后教学过程中将通过引入企业人员、第三方平台等多元评价主体，进一步实现评价主体的多元化。

参考文献

［1］大国工匠——机器人专家蒋刚的故事［EB/OL］.［2018－03－30］. https://baijiahao. baidu. com/s?id=1596351689347804525&wfr=spider&for=pc.

［2］京东物流视频［EB/OL］.［2022－03－02］. https://www. bilibili. com/video/BV1y34y1k7U5/?spm_id_from=333. 337. search-card. all. click&vd_source=a15ea92d06b1dc457a9e4df1f048dd5d.

数控铣削编程与加工课程思政教学设计案例

上海市工商外国语学校　赵宏明

课程基本信息

本课程是中等职业学校数控技术应用专业的一门专业核心课程,是该专业数控铣削程序编制与调试课程的后继课程。其任务是通过学习,使学生掌握数控铣削零件加工的相关知识和技能,让学生达到数控铣工(四级)职业资格标准中的相关模块要求,具备中等复杂程度零件数控铣削加工的职业能力,能胜任数控铣床操作的一线岗位。完成本课程相关学习任务后,学生能具备基本的安全规范素养、质量意识、环保意识以及创新精神,增强责任感和荣誉感。

授课教师基本情况

赵宏明,男,讲师,工学学士、教育管理硕士,主要从事数控及机电专业机械制图与CAD、数控铣削编程与加工、智能制造、UG应用等课程的教学工作。

课程内容简介

课程内容选取,围绕数控铣削加工岗位职业能力培养,选取典型零件作为载体,培养学生综合的零件加工能力,使学生能够独立加工合格的产品,胜任一线岗位的要求;并充分考虑本专业中职学生的认知能力,融入数控铣工职业技能鉴定标准(四级)要求。课程内容以数控铣削技能提升为主线,按模块分成数控铣床加工准备、数控铣床操作、平面铣削——六面体加工、二维轮廓零件粗精加工、孔加工及参数计算、典型零件加工、组合类零件加工共七个学习任务。

课程思政教学目标

本课程思政教学以"立人立业知行合一"为根本任务。结合课程特点,以铣削零件蕴含的切削加工之美、标准与规范等育人内涵,培养学生求真务实,追求卓越的工匠精神,树立用技术报效祖国的责任感和荣誉感。在教学过程中展示机械加工的切削过程,让学生感受机械加工的神奇与震撼,增强学生对职业的认同感,提升对职业的热爱。

课程思政融入设计

教学进度 （任务/知识单元）	课程思政点	融入方式	思政育人 预期效果
任务一：数控铣床加工准备 ① 使命感和责任感 ② 职业认同感	① 介绍车间机床。机床是工业"母机"，介绍当前机床发展现状以及中国面临的窘境，分析制造业对中国技术转型的重要性和紧迫性 ② 以工量具领用为切入点。观看视频，讲述老一辈机械工人在"一穷二白"环境下艰苦奋斗，建立了新中国工业基础。学习老一辈工人的敬业精神，指出设备和量具是工人的"饭碗"	① 感受中国制造业高质量发展时代学生肩负的使命感和责任感 ② 爱护设备和量具，增强敬业精神和对职业的认同感	
任务二：数控铣床操作 ① 安全规范意识 ② 严谨细致	① 现场介绍数控加工操作方法与安全注意要点、现场着装等规范；强调安全、规范意识养成的重要性。观看图片，对案例中生产事故进行分析，强调安全规范的重要性 ② 演示平口钳的安装与校正。通过教师演示和学生的操作，让学生直观感受规范操作与严谨细致的重要性	① 树立安全和规范意识 ② 在高精度装夹练习中，感受严谨的工匠品质	
任务三：平面铣削——六面体加工 ① 质量意识 ② 环保意识	① 以零件加工为切入点，分析误差累计带来的严重后果。以1985年海尔首席执行官张瑞敏怒砸不合格冰箱的思政案例说明，砸的不仅仅是冰箱，更是砸掉旧的思想、观念。质量意识和诚信精神，让海尔成为国际知名企业 ② 讲解冷却液的功能，以冷却液处理为切入点，观看环境保护短片，让学生知晓废废冷却液直接排入土地和水源的危害，树立学生的环保意识	① 提升对产品质量的重视，增强质量意识 ② 进一步树立环保意识，增强社会责任感	

教学进度 （任务/知识单元）	课程思政点	融入方式	思政育人 预期效果
任务四：二维轮廓零件粗精加工 	① 诚实守信 ② 标准意识	① 以点评学生加工工件为切入点。一个未经批准的质量很差的假冒螺栓被安装到飞机上，导致挪威包机失事。从而警示学生，一个小零件就会产生不可预测的后果，诚信是每个工匠最基本的品质 ② 以粗精铣削选用不同的铣刀为切入点，融入标准意识。以中国高铁发展历程为例，讲解一流企业做标准，标准体现的是一丝不苟	① 提升在产品加工过程中的诚信意识 ② 提升测量工具选择和加工的质量意识，进而树立标准意识
任务五：孔加工及参数计算 	① 成本意识 ② 精益求精	① 以孔加工分析为切入点，融入成本意识。在数控铣床上加工孔的方法很多，如钻、扩、铰、镗和铣等。不同精度和用途的孔加工方法不同，制定合理的加工工艺，提高加工效率，减少质量过剩 ② 以新时代海尔"产品再造"为例，研发做到与用户零距离交互，制造出的产品做到无缺陷，真正做到精准。引导学生做到精准制造，减少废品的产出	① 提升加工过程中的成本控制意识 ② 具备精益求精的工作态度
任务六：典型零件加工 	① 荣誉感与责任感 ② 精益求精	① 以零件评价为切入点。通过《2022年中国制造业行业研究报告》中国从廉价产品到高质量的转变，再到高技术制造，激发学生的荣誉感和责任感 ② 以学生测量和评价产品为切入点，反思加工中的问题，引导学生从质量制造向"艺术制造"的转型。引入《精益求精的大国工匠马小光》视频案例，让学生知道中国高品质制造的背后，离不开技艺超群的新时代创新型产业人才	① 感悟技术工人所肩负的时代重任，提升技术报国的责任感 ② 锤炼追求卓越的品质，实现服务精准制造向"艺术制造"的转型

（续表）

教学进度 （任务/知识单元）	课程思政点	融入方式	思政育人 预期效果
任务七：组合类零件加工 	① 创新精神 ② 专注意识	① 以组合零件加工工艺为切入点，融入创新精神。组合零件加工工艺路线有很多，从全局角度出发，在保证质量同时创新性地制定加工工艺，提高加工效率兼顾加工成本 ② 以点评学生工件为切入点，讲述大国工匠、星火公司制造部保障组组长戴志阳的事迹，专注技术 26 年，练就用钻头剥生鸡蛋壳的绝技。专注就是对某一技术或产品"日之所思、梦之所萦"，耐住寂寞，踏踏实实，一以贯之	① 培养学生的创新精神，利用所学知识创新加工工艺，在保证质量的前提下兼顾成本和效率 ② 提高学生的专注意识，树立苦练技能的决心

典型教学案例

1. 课题名称

任务六：典型零件加工——典型板类零件加工

2. 课程目标

【知识目标】

(1) 会根据零件轮廓特征制定加工工序，并填写零件加工工序卡。

(2) 会根据零件的材质和所用刀具尺寸，计算刀具的切削参数。

【技能目标】

(1) 能使用专业测量工具测量并操作机床，解决生产中零件尺寸精度不达标的问题。

(2) 能通过无纸化技术平台，进行零件精度智能检测并准确评价。

【素养目标】

(1) 激发服务工业技术发展的荣誉感和责任感。

(2) 提高追求精益求精、追求卓越品质的积极性。

3. 案例阐述

本次课程选择《2022 年中国制造业行业研究报告》解读作为思政案例一。

近年来，中国高技术制造业发展迅速，2020—2021 年在国民经济中比重均超过 15%，表明中国制造业产业结构不断优化升级。2021 年，高技术制造业增加值比 2020 年增长 18.2%，高于规模以上工业平均水平 8.6%；2021 年，中国高技术制造业 PMI 均大于 50%，且明显高于制造业 PMI，表明高技术制造业处于高速扩张阶段且发展态势良好，详见下图：

高技术制造业带动作用持续增强

2016—2021年中国高技术制造业增加值比重变化

高技术制造业增加值比重(%)

高技术制造业PMI持续大于50%，且显著高于制造业PMI

2021年高技术制造业PMI V.S.制造业PMI

----高技术制造业PMI ——制造业PMI

通过《2022年中国制造业行业研究报告》的解读，可以看出从40年前的廉价产品到高质量产品的转变，再到高技术制造，中国制造业已经发生了巨大转变，走上了高科技产业发展之路。作为新时代的技术人才，未来高技术制造业需要我们传承和创新，提升中国的产品附加值，打造中国新名片。

本次课程选择大国工匠《精益求精的数控铣工马小光》作为思政案例二。马小光技校读到第三年时，就来到北方车辆工具模具车间实习，成为一名电极钳工学徒。他经过不懈追求，逐渐成长为数控加工顶尖人才。2009年，他参加"第三届全国职工数控技能大赛"数控铣工比赛，一举夺得比赛冠军。在加工一特种车辆上的平衡器零件时，为了破解平衡器锻模的加工难题，马小光凭借自己多年积累的经验，在利用三维CAD软件对平衡器锻造模具的模型进行分析后，尝试用各种软件对加工难点进行编程，同时选择合适的数控刀具和切削参数。通过几十次反复试验，他终于解决了这一加工难题。

精益求精的工匠精神在马小光身上体现得淋漓尽致，他提出的全新U型数控加工单元颠覆了沿用几十年的生产流程，让数字化生产效率大大提高。马小光践行"把一切献给党"的人民子弟兵精神，执着追求、精益求精，已成为众多青年员工学习的榜样，激励一批又一批的青年人成为技能人才，用技能报效国家，投身国防现代化建设事业。

4. 课题设计与实施

课题名称			任务六:典型零件加工	
教学环节	师生活动		教学内容与步骤	教学设计意图
	学生	教师		
课前准备	自主学习	发布微课程等加工参数计算的学习资源,让学生了解不同材料加工参数	复习钻孔编程指令,学习加工三要素的计算	① 明确本次课程学习任务 ② 培养学生收集信息的能力和自学能力
	在线测试	发布在线测试题让学生答题,了解学生前置课程知识掌握情况,重构课程内容		
课题引入	思考问题	① 分析解读《2022 年中国制造业行业研究报告》中高技术制造业的发展趋势 ② 分析国产品牌崛起的背后是产业工人素质的提升和高质量产品的涌现	国产品牌崛起的背后是高质量产品的涌现。提出以下两个问题,引导学生思考如何提高产品质量: ① 如何控制零件尺寸精度 ② 企业产品与训练加工零件的最大区别是什么	引起学生学习兴趣,提高学生民族自豪感和责任感
发布任务	① 接受任务并分析图纸 ② 小组讨论,确定加工工序及加工细节 ③ 汇报演示	① 布置任务,分发工序卡和评分表 ② 组织学生讨论,引导学生完成加工工序制定 ③ 组织汇报并点评	① 通过视频方式,演示零件使用场合和功能,并发布任务 ② 以小组为单位,分析零件加工工序并填写工序卡 ③ 组织学生讨论零件加工工序,并进行点评,确定正确的加工工序	① 明确本次课程的学习任务 ② 确定本课题的加工工序,为后续学生编写加工程序奠定基础
知识讲解	① 查询手册并记录常见刀具的切削速度,计算本次课题需要的加工参数 ② 学习整圆编程方法	① 讲解切削参数计算注意事项 ② 讲解圆孔编程注意事项	① 教师讲解铣刀的转速、进给的计算、铣削深度和宽度的选择 ② 教师讲解圆孔编程、G02/G03 整圆编程方法	① 学生在学习过程中,主动学习新知识,掌握切削参数的计算方法 ② 在学习过程中,提高 G02/G03 编写整圆程序的能力

教学环节	师生活动		教学内容与步骤	教学设计意图
	学生	教师		
决策验证	① 编写程序 ② 修改并仿真程序	疑难问题指导	① 针对坐标点、走刀路线等反馈问题进行小组分析修改完善 ② 教师对程序进行验证审核,确定程序	① 经过对程序的反复验证修改,培养学生严谨的工作态度 ② 培养学生分析问题和解决问题的能力,完成程序的仿真
操作加工	操作机床,完成零件加工	① 安全教育与指导 ② 组织并指导学生完成零件的测量和加工 ③ 重点指导零件尺寸测量和精度控制	① 安全教育与指导学生操作过程的规范性 ② 在机床上完成零件的加工并填写评分表 ③ 指导学生测量并控制零件尺寸精度,保证加工质量	① 培养学生机床操作安全规范意识 ② 加工过程中通过测量控制产品尺寸达到公差要求。提升学生的质量意识
质量评价	① 测量零件并填写评价表 ② 反思并找到自己加工中的问题 ③ 思考自己加工的零件与机械加工企业产品的差距	① 测量评价学生零件尺寸精度,评价学生的自评 ② 精益求精的大国工匠马小光,让我们知道中国高品质制造的背后,离不开技艺超群的新时代创新型产业人才	① 测量工件完成零件评价 ② 引入企业产品评价标准,学生加工出的零件可以有误差,但企业的产品只有合格和不合格。讲解德国机械加工企业追求卓越的产品品质	① 培养学生的反思意识。在测量评价自己零件的过程中,反思自己的操作过程,找到自身问题,提高技能 ② 培养学生精益求精的工匠精神。学习大国工匠对待产品严谨与认真的态度,引导学生感悟、追求卓越的品质
总结	学生自我总结	教师总结并针对大多数同学的问题指导,对个别重要问题讲解	加工三要素,主轴转速 n 的计算、测量方法	师生总结,自我提升

5. 成效与反思

（1）成效:依据梳理得到的课程思政元素,结合课程内容的特点为课堂思政教学的实施选取合理的载点,并精选行业发展报告。国际范围内知名品牌的经营理念案例,为思政教学创造了良好的生态,学生在达成本课程知识技能目标的同时,职业认可度增强,社会责任感油然而生。在练习操作环节,学生不断优化操作方案,体现出较强的精益求精意识。

（2）反思：由于缺乏真实场景和真正产品的加工，学生对产品质量的感受不够深刻。后续考虑在条件允许的情况下，与企业合作，接受企业订单，组织学生完成真实产品加工，计件回收合格产品，并付给学生加工费，将产品质量意识深入学生心灵。此外，教学过程中零件加工参数的作用没有体现，加工参数对产品表面质量和加工经济性有巨大影响。可引入真实产品，在下一次上课时，以小组为单位，将毛坯费用和刀具费用计入成本，小组自负盈亏。

参考文献

［1］台湾友嘉数控机床［EB/OL］.［2023-07-27］. http://www. ffg-cn. com/h-pd-7. html.

［2］平口钳［EB/OL］.［2023-07-27］. https://detail. 1688. com/offer/586766572969. html.

［3］平面铣削加工［EB/OL］.［2023-07-27］. http://test. 2025china. cn/znw/_01-ABC00000000000282 348. shtml.

［4］轮廓铣削高效加工［EB/OL］.［2023-07-27］. https://www. 163. com/dy/article/F9QKLSHF0530 T934. html.

［5］孔加工方法［EB/OL］.［2023-07-27］. https://www. bilibili. com/video/BV1xa411p7vz/.

［6］T型槽加工［EB/OL］.［2023-07-27］. https://haokan. baidu. com/v? pd＝wisenatural＆vid＝9747 078308007620963.

［7］2022年中国制造业行业研究报告［EB/OL］.［2023-07-27］. https://max. book118. com/html/ 2022/0601/5023013043004234. shtm.

［8］精益求精的数控铣工马小光［EB/OL］.［2023-07-27］. http://news. cnhubei. com/content/2023- 05/02/content_15784694. html.

机械测绘技术课程思政教学设计案例

上海市环境学校 柴 楠

课程基本信息

本课程是中等职业学校机电一体化专业的一门专业核心课程,其任务是培养学生应用机械制图的基本知识对已有零部件进行测绘的能力,使学生具备简单零件的测绘技能。通过学习,学生能够正确使用测量工具如游标卡尺等,掌握各种典型零件尺寸的测绘方法,能够按照技术要求完成典型零件如轴套类零件、轮盘类零件、支架类零件、箱体类零件的测量并绘制草图。在完成本课程相关学习任务中培养学生团队合作意识,使学生具备严谨的工作态度和精益求精的工匠精神,增强社会责任感和职业认同感。

授课教师基本情况

柴楠,女,讲师,工学学士、在职硕士,主要从事智能制造机电专业机械制图、机械基础、机械测绘技术、计算机绘图等课程的教学工作。

课程内容简介

课程内容选取,紧紧围绕完成零部件测量与绘图所需的综合职业能力为培养目标。课程主要内容包括零部件测绘的基本知识、常用量具的使用方法、典型零件的测绘这三个学习模块。其中典型零件的测绘模块为重点内容,包括轴套类、轮盘类、支架类、箱体类零件的测量与绘图。

课程思政教学目标

本课程思政教学以立德树人作为根本任务,结合学校、专业特色和课程内容特点,以零部件测绘的规范与标准、图样蕴含的机械美、空间思维为育人基石,在测量中培养学生精益求精的工匠精神,在绘图中培养学生认真严谨的工作作风,激发学生技术报国的家国情怀。同时,结合图样设计质量要求,增强学生对机械行业的责任担当和职业自豪感。

课程思政融入设计

教学进度 （任务/知识单元）	课程思政点	融入方式	思政育人 预期效果
任务一：认知典型轮盘类零件测绘 教学要点： 齿轮滑块机构组成及轮盘类零件辨析	① 使命感和责任感 ② 职业认同感	在讲解轮盘类零件概况的过程中，播放轮盘类零件应用现状的视频，介绍中国2022年国之重器大飞机C919、神舟十三号十四号、福建舰、歼-35等装备上大量的轮盘类零件，分析制造业的高质量发展对于国家发展的重要意义。同时分享一些航天器测绘图纸，感受图纸中蕴含的机械美	① 树立致力于技术报国的使命感和责任感 ② 感受图纸线条的机械美，增进对机械行业的热爱，增强职业认同
任务二：测量典型轮盘类零件 教学要点： 游标卡尺使用	精益求精	在讲授游标卡尺测量方法过程中，引入太空舱密封件案例，诠释不断提高尺寸精度的重要性。启发学生认识到飞船顺利上天离不开对尺寸的精准把控	具备精益求精的工匠精神
任务三：测绘典型轮盘类零件密封端盖 教学要点： 密封端盖外圆及圆孔定型定位尺寸测量，尺寸精度及几何精度标注	① 使命感和责任感 ② 严谨细致	在讲解密封端盖测绘重要性的过程中，播放中国空间站建设及顺利对接完成的视频；并在零件检测环节，引入美国"挑战者号"航天飞机因一个小小的零件不合格导致航天飞机爆炸的案例，强调生产过程对细节的忽视，往往会造成难以挽回的损失	① 树立致力于技术报国的使命感和责任感 ② 养成认真严谨的工作态度

📋 **典型教学案例**

1. 课题名称

任务三:测绘典型轮盘类零件密封端盖

2. 教学目标

【知识目标】

(1) 说出轮盘类零件上轮辐、肋板等常见工艺结构的表达方法。

(2) 复述轮盘类零件表达方案和标注方案的确定方法。

(3) 描述尺寸公差的含义及其标注方法。

(4) 讲述测绘轮盘类零件草图的绘制步骤。

【技能目标】

(1) 能正确识别轮盘类零件上的常见工艺结构和材料。

(2) 能初步制定轮盘类零件的表达方案,并徒手绘制较规范的零件草图。

(3) 能够熟练使用常用测量工具,准确测量出轮盘类零件的各种尺寸。

【素养目标】

(1) 养成认真严谨的工作态度,具备精益求精的工匠精神。

(2) 增强职业认同感,树立服务机械行业技术革新的使命感和责任感。

3. 案例阐述

本次课程选择中国空间站的建设过程作为思政案例一。中国空间站的建设从 1992 年正式提出,到 2011 年神舟八号实现飞行器无人对接,再到 2021 年中国发射的空间站核心舱,直到最近的梦天实验舱升空,中国载人空间站"天宫"整体建设完成。从视觉上唤起学生技术报国的使命感和责任感。

本次课程选择美国"挑战者号"航天飞机爆炸事件作为思政案例二。这是航天史上最为严重的航天爆炸事故,其最直接的原因是"挑战者号"升空后,因其右侧固体火箭助推器(SRB)的 O 形环密封圈失效,毗邻的外部燃料舱在泄漏出的火焰高温烧灼下结构失效,使高速飞行中的航天飞机在空气阻力的作用下于发射后的第 73 秒解体。由此说明,零件细节的质量把控是如此的重要,不容忽视。

通过多媒体展示中国空间站建设过程,介绍美国"挑战者号"爆炸事件,让学生体会国家重器的制造是集众人智慧所成,并认识到细节把控的重要性。在小组合作过程中,同学们也要各司其职,测量、记录、处理数据和绘制草图分工合作才能完成测绘任务。在检测环节,强调有关测量精度及绘制图纸过程中各细节把控的重要性。为保障飞船的顺利升天和航天员在空间站的正常工作,空间站的设计制造也是非常精密的,例如其中密封件的尺寸公差要求在 0.01 mm 的范围之内,这样的高要求不仅需要制造人员高超的制造工艺技术和对细节的精确把控,更离不开检测人员高超的测量技术和精益求精的工匠精神。

4. 课题设计与实施

课题名称	任务三:测绘典型轮盘类零件密封端盖		
教学环节	师生活动	教学内容与步骤	教学设计意图
	学生	教师		

教学环节	学生	教师	教学内容与步骤	教学设计意图
课前准备	复习并熟悉游标卡尺的使用方法	发送游标卡尺等微课程学习资源	① 游标卡尺的使用方法 ② 孔尺寸包括孔大小、孔中心距等内容的测量方法	掌握游标卡尺的使用方法,提升学习信心
	在线测试	发布在线测试答题,了解学生前置课程内容掌握情况,重构本次课堂内容		
课程引入	① 观看中国空间站建设及顺利对接完成的视频,了解中国航天事业的迅猛发展 ② 思考问题	① 播放中国空间站建设及顺利对接完成的视频 ② 分析中国空间站顺利建成及完美对接背后是科技进步与高素质产业工人涌现	通过视频播放,引导学生观察并思考如下问题: ① 中国空间站的建设和顺利对接,离不开科技进步与高素质产业工人;如何让先进技术落地 ② 如何培养高素质产业工人 ③ 航天事业的可持续发展靠什么	树立致力于技术报国的使命感和责任感
发布任务	接受任务并拆解机构,找出轮盘类零件 ① 小组讨论,确定测量方案 ② 汇报展示测量方案	① 通过拆解减速器,演示零件使用位置及功能并布置任务,按组别发放任务书 ② 组织学生讨论测量方案,引导学生制定方案 ③ 组织点评方案	任务一:工厂需要完成一批齿轮滑块机构的修理,请同学们(4人一组)根据任务书要求,拆解机构,找到密封端盖 任务二:小组成员完成密封端盖测量方案,并汇报互评	① 明确本次课题学习任务。学生在讨论过程中明确本次测量所需要的新知识 ② 增强团队合作意识
任务实施	根据轮盘类零件特点,确定绘图采用的视图样式及数量	① 讲解新知识点 ② 指出本次任务的重难点	① 轮盘类零件的视图表达方法 ② 学习密封端盖的结构在该机构中的作用。根据轮盘类零件表达方案原则,确定密封端盖的视图表达方案	学生在分析过程中掌握轮盘类零件的表达方法选择原则

教学环节	师生活动		教学内容与步骤	教学设计意图
	学生	教师		
任务实施	使用游标卡尺,测量密封端盖外圆及圆孔定型尺寸	① 讲解圆孔及外圆测量方法 ② 讲解尺寸精度的概念及使用规则 ③ 播放课程思政案例视频 ④ 引发学生思考	① 游标卡尺测量孔及外圆的步骤、数据处理方法 ② 尺寸精度的使用方法并演示尺寸精度的标注方法 ③ 测绘实操,根据测量数据,绘制密封端盖的三视图	通过观看"挑战者号"爆炸新闻短视频,从侧面更加深刻认识到测绘工作严谨细致的必要性
	使用游标卡尺,测量密封端盖上安装孔的孔间距及孔中心位置尺寸	① 讲解孔间距及孔中心位置尺寸测量方法 ② 讲解几何精度的概念及使用规则 ③ 播放课程思政案例视频 ④ 引发学生思考	① 游标卡尺测量孔间距及孔中心位置尺寸的步骤、数据处理方法 ② 几何精度的使用方法及标注方法 ③ 播放新闻短视频美国"挑战者号"因一个小小的零件不合格导致航天飞机爆炸的质量案例。容易被忽视的小细节,往往造成难以挽回的损失,强调质量意识的重要性 ④ 测绘实操,并根据测量数据,完善密封端盖三视图	
	使用游标卡尺,测量密封端盖上平面尺寸	① 讲解密封端盖上的平面尺寸测量方法 ② 讲解带切口的几何体,几何尺寸标注方法	① 密封端盖上的平面尺寸测量方法及带切口几何体尺寸标注方法 ② 密封端盖上平面尺寸测量,平面尺寸的标注方法	学生在完成测绘任务的过程中,掌握带切口几何体尺寸的测量及标注方法
	根据任务书要求,完善密封端盖图纸其他技术要求	① 讲解表面粗糙度及其他通识技术要求如未标注圆角、倒角等 ② 讲解如何填写标题栏	表面粗糙度及其他通识技术要求的含义及标注方法	学生在完善图纸的过程中,掌握表面粗糙度及倒角、圆角的标注原则及方法
展示评价	以小组为单位展示测绘成果,并开展自评、互评	① 教师对学生测绘作品进行点评 ② 教师总结并针对大多数同学出现的问题进行指导讲解	成果展示及点评	学生在自评互评过程中学会反思,建立诚信的职业道德

（续表）

教学环节	师生活动		教学内容与步骤	教学设计意图
	学生	教师		
任务完成	实训器材整理，实训室清理	教师指导学生整理实训器材，打扫实训室	劳动教育	在整理实训器材、清理实训室活动中，培养学生热爱劳动、爱护学习用品和工量具的意识

5. 成效与反思

（1）成效：通过思政案例教学，引导学生体会技术报国的家国情怀、知晓精益求精的工匠精神、养成责任担当和职业自豪感。在课堂教学过程中，融入"中国空间站建设过程"和美国"挑战者号"爆炸事件思政案例，采取任务驱动、理论与实践一体化教学，引领学生在测绘过程中养成严谨细致的工作态度，内化精神体验，价值引领做到首尾呼应，启发学生共鸣，找到"同道"，真正做到专业课程中思政教育的"润物细无声"。

（2）反思：在课堂教学中融入思政案例，结合学生"理论知识薄弱，活泼好动"这一特点，选择合适的教学方法，让学生在实操过程中养成严谨细致的工作态度。但由于学生理论知识有所欠缺，课堂思政教学进度及各任务环节无法达到良好的预期效果，这是后期教学需进一步加强和完善的地方。

参考文献

［1］中国空间站的建设过程［EB/OL］.［2023－07－27］. https://baike. baidu. com/item/中国空间站/6287565.

［2］美国"挑战者号"飞船爆炸事件［EB/OL］.［2023－07－27］. https://baike. baidu. com/item/挑战者号航天飞机/5749452? fr＝ge_ala.

电工技术与技能课程思政教学设计案例

上海市航空服务学校　周　慧

课程基本信息

本课程是上海市航空服务学校机电技术应用专业（航空电子专门化方向）的一门专业基础课程。通过学习，学生能掌握电工技术与技能的基本知识和实际应用的解决方法，为后续的专业课程学习奠定基础。通过本课程学习，培养学生树立电工操作的安全意识、节能环保意识，养成科学的工作方法和良好的职业道德素养。

授课教师基本情况

周慧，女，助理讲师，工程硕士，主要从事机电专业电工技术与技能、机械制图、维修电工等课程的教学。

课程内容简介

课程内容选取，紧紧围绕完成电工技术与技能课程所需的综合职业能力为培养目标，将本课程要求掌握的教学内容进行整合，根据课程标准的要求，结合电工相关岗位最新需求，融合维修电工（四/五级）中的相关考核内容，通过安全用电、直流电路基本参数的测量、电容与电感的认识与检测、单相交流电路工作状态测量、三相交流电路工作状态测量这五个学习任务，掌握电工技术与技能的基本知识和实际应用的解决方法，达成由知识目标、能力目标、素养目标三方面构成的课程目标。

课程思政教学目标

本课程思政教学以立德树人作为根本任务。结合学校和专业培养要求以及本课程特点，培养学生精益求精的工匠精神，树立电工操作的安全意识、节能环保意识、协同合作意识，激发学生技术报国的家国情怀和使命担当，增强学生对同行的认同、对职业的热爱。

课程思政融入设计

教学进度 （任务/知识单元）	课程思政点	融入方式	思政育人 预期效果
任务一：安全用电 相线 落地点	安全意识	① 通过引入真实的电火灾安全事故案例，让学生分析案例中的问题、原因和教训，引发学生对安全问题的思考，警醒学生加深安全意识 ② 在课堂上重点讲解电工领域的安全知识，包括电气安全、防火安全、作业安全等方面的基本原理、规范和注意事项。通过案例分析和实际操作演示等方式，向学生传授安全知识	① 树立安全用电意识 ② 养成严格遵守操作规范和工作标准的良好行为习惯
任务二：直流电路基本参数的测量	① 节能环保 ② 科技报国	① 在讲解电功概念时，通过"一度电的作用"小知识的引入，强化节能环保意识 ② 在讲解基尔霍夫定律时，引入"电路求解大师"基尔霍夫思政案例，让学生感受国家强盛的重要性，鼓励大家勇担青年使命，激发科技报国情怀，为国家富强贡献出自己的一份力量	① 养成良好的节能习惯，并强化环保意识 ② 体会技术强国的重要性，激发科技报国情怀
任务三：电容与电感的认识与检测 镇流器 L C 启辉器 B 荧光灯管 N D A	职业认同	在讲解电容电感概念时，通过讲解电感和电容在集成电路中的应用，以及举例说明集成电路在各行各业中发挥着非常重要的作用——是现代信息社会的基石，在 5G 手机、数码相机、电脑 CPU 中广泛应用，与人们的生活息息相关……使学生直观认识到电工技术在生活中无处不在，激发行业认同感	知晓电容电感在生活中的应用，激发对专业的认知和职业认同感
任务四：单相交流电路工作状态测量	协作意识	在讲解交流电的三要素时，通过并网发电时，要求发电机输出的电压频率、幅值、相位与系统的电压频率、幅值、相位一致，否则无法工作，以此类比团队作业时，分工合作、各司其职才能完成任务，让学生体会到合作共赢	明确团队合作的重要性，养成协作意识

(续表)

教学进度 (任务/知识单元)	课程思政点	融入方式	思政育人 预期效果
任务五:三相交流电路工作状态测量 	① 精益求精 ② 职业认同	① 讲解三相交流电动机正反转的条件,即改变任意两相相序会使电机转向改变,使学生体会到"差之毫厘,谬以千里"的道理,加深对精益求精工匠精神的理解 ② 在讲解三相交流电动机时,向学生科普:中国新能源汽车行业发展迅猛,电机作为新能源汽车三大核心技术之一,中国民族企业比亚迪拥有电机电控核心组件。通过比亚迪在电机电控核心组件方面自主成果的案例,以及中国新能源汽车的迅猛发展,激发学生对职业的认同,并了解电机行业动向	① 加深对精益求精工匠精神的理解 ② 提升对专业的价值认同感,并了解电机行业动向

📋 典型教学案例

1. 课题名称

任务二:直流电路基本参数的测量——基尔霍夫第一定律(KCL)

2. 课题目标

【知识目标】

(1) 理解复杂电路、支路、节点基本概念。

(2) 理解基尔霍夫第一定律(节点电流定律)的内容。

【技能目标】

能应用基尔霍夫第一定律解决复杂直流电路相关问题。

【素养目标】

(1) 激发勇于创新、勤于思考、刻苦钻研的精神和科技报国的志向。

(2) 强化安全用电意识。

3. 案例阐述

本次课程选择"电路求解大师"——基尔霍夫(德国科学家)作为思政案例。19 世纪 40 年代,电气技术发展迅猛,电路变得愈来愈复杂。某些电路呈现出网络形状,并且网络中还存在一些由 3 条或 3 条以上支路形成的交点(节点)。这种复杂电路不是串联、并联电路的公式所能解决的。刚从德国哥尼斯堡大学毕业,年仅 21 岁的基尔霍夫在他的第一篇论文中提出了适用于这种网络状电路计算的著名的基尔霍夫定律。该定律能够迅速地求解任何复杂电路,从而成功地解决了这个阻碍电气技术发展的难题。

通过查阅基尔霍夫生平资料,让学生领略青年时代的基尔霍夫勇于创新、勤于思考、刻苦钻研的精神。19世纪40年代基尔霍夫提出"基尔霍夫定律",而同期的中国正经历"鸦片战争"、开始了中国近代百年屈辱史。通过这一对比,更加激发学生的爱国情怀和科技报国的志向。

4. 课题设计与实施

课题名称			任务二:直流电路基本参数的测量——基尔霍夫第一定律(KCL)	
教学环节	师生活动		教学内容与步骤	教学设计意图
	学生	教师		
新课导入	对比思考	用课件展示两幅图(右图),问:支路车流量和干路车流量的关系,以及大河水量和各分流小溪水量之间的关系?那么通过类比,电流之间的关系是什么呢?	给出交通合流标识和水流分流标识,请同学们描述其表征车流和水流的特点,引出本节课程所学电流	通过车流和水流引入本节所学电流,激发学生学习兴趣
探究准备	① 对比思考② 尝试计算③ 思考理解	① 用课件出示两幅电路图(右图),请同学比较,找出不同点② 问:你能计算出两幅图中 R_3 的电流吗③ 讲解复杂电路的定义,节点、支路的定义④ 引入"基尔霍夫"思政案例	① 出示电路图电路一:电路二:	① 通过电路图比较,使学生对复杂电路有更深刻的理解,引入本节课题:解决复杂电路的方法——基尔霍夫定律② 通过"基尔霍夫"思政案例,激发学生的爱国情怀和科技报国的志向

（续表）

教学环节	师生活动		教学内容与步骤	教学设计意图
	学生	教师		
探究准备			无法依串联电路特点及欧姆定律求解的电路称为复杂电路 ② 给出复杂电路的两个基本概念：支路、节点 ③ 解决复杂电路的基本方法：基尔霍夫定律，及本节所研究课题：节点电流定律 ④ 介绍基尔霍夫定律的由来，以及基尔霍夫生平。同时通过对比同时期的中国正处于"鸦片战争"、是近代百年屈辱史的开端，激发学生的爱国情怀和科技报国的志向 ⑤ 引导学生思考：如何为祖国的复兴贡献自己的一份力量。增强学习动力，树立科技报国志向	
自主探究	① 学生分小组进行仿真实验，填写实验记录表，并进行归纳总结 ② 学生回答，并在教师的引导下，写出另一种表达式： $I_1+I_3=$ $I_2+I_4+I_5$ 变形得 $I_1+I_3+(-I_2)$ $+(-I_4)+$ $(-I_5)=0$ ③ 黑板答题，并自主总结答题步骤	① 讲解 KCL 内容，重点强调其基于节点研究电流之间的关系。 ② 遇到学生回答有困难时，适时点拨。让学生说出其所总结出的规律 ③ 请学生写出其数学表达式，在肯定其答案后，将式子移项变形，应用所学 KCL 两种表达式解题 ④ 教师点拨引导强调：$-4\,mA$，说明电流的实际方向与标出的参考方向相反	【任务一】探究基尔霍夫电流定律 ① 定律内容：对电路中的任一节点，流入节点的电流之和等于流出该节点的电流之和 表达式： $$\sum I_入 = \sum I_出$$ $$\sum I = 0$$ ② 进行仿真实验，并总结规律 ③ 提问：能根据下图写出节点电流定律的数学表达式吗 【任务二】明确利用 KCL 解题的步骤 例题解析： 如下图所示电桥电路，已知 $I_1=25\,mA$，$I_3=16\,mA$，$I_4=12\,mA$，求其余各支路中的电流： 	① 通过类比车流，将抽象的电流形象化，有助于学生理解 ② 通过仿真实验自行探究基尔霍夫定律，激发学生的兴趣 ③ 通过归纳总结，培养分析能力。锻炼学生与他人协调合作的能力，互补互助，使学生体会到协同合作的重要性

教学环节	师生活动		教学内容与步骤	教学设计意图
	学生	教师		
自主探究		总结解题步骤： a. 先假定各支路电流的参考方向 b. 列出节点电流方程 c. 解方程，并根据求出正负值来确定其方向	【任务三】基尔霍夫定律的推广及应用 ① 广义推广 得出：$I_a + I_b + I_c = 0$ 结论：基尔霍夫电流定律可以推广应用于任意假定的封闭面 ② 应用 $I_1 = I_2$ $I_1 = 0$ "单线带电操作的安全性"	④ 利用例题使学生及时巩固 KCL 定律内容。通过练习，增强知识的应用，学生把新学的知识和已掌握的知识联系起来。通过选派学生板书解题过程，给学生创设自我表现的机会

(续表)

教学环节	师生活动		教学内容与步骤	教学设计意图
	学生	教师		
课堂检测	① 完成习题 ② 反思巩固	① 布置习题 ② 根据习题反馈结果,重点讲解	① 应用基尔霍夫定律计算出某支路电流时正值,表明该支路电流的_____方向与_____方向相同;支路电流是负值,表明_____ ② 基尔霍夫第一定律又称作_____定律,其数学表达式为_____ ③ 求下图电路中电流 I_1 和 I_2 的大小和方向	利用信息技术,激发学生答题的积极性,提高参与性。同时,有效检验学习成果,并及时反馈

5. 成效与反思

（1）成效：在基尔霍夫第一定律的应用中，引导学生应用新知识，分析"单线带电操作的安全性"，进一步强调安全意识。同时，通过"基尔霍夫"思政案例的学习，当年轻的基尔霍夫通过不断的思考、探究，最终发明解决复杂电路的有效方法"基尔霍夫定律"，而与同期中国正处于"鸦片战争"时期对比，激发学生的爱国情怀和科技报国的志向。

（2）反思：思政案例选用时可紧跟时事，选择更贴近学生生活的案例，更生动，有助于学生共情，教学效果会更有效。

参考文献

［1］宋涛,冯泽虎.电工基础[M].北京:高等教育出版社,2017.
［2］林崇德,姜璐,王德胜,等.中国成人教育百科全书[M].海口:南海出版公司,1994.

液压与气压传动课程思政教学设计案例

上海市嘉定区职业技术学校　张秀芹

课程基本信息

本课程是机电技术应用专业的一门专业核心课程。通过本课程的学习,学生能系统掌握液/气压元器件的结构特点、工作原理及正确使用;掌握分析及设计液/气压基本回路的方法;掌握液/气压传动系统安装、调试和系统的故障诊断、排除等基本技能。培养学生的独立思考能力和严谨求实的科学态度,以及团队合作意识、创新意识和实践能力。引导学生树立正确的职业观念,强化社会责任感、传承和弘扬优秀的国家精神。

授课教师基本情况

张秀芹,女,讲师,工学学士、教育硕士,主要从事机电专业机械基础、钳工工艺、液压与气压传动等课程的教学工作。

课程内容简介

课程内容的选取,紧紧围绕完成液/气压系统安装与调试所需的职业能力培养,同时充分考虑学生对相关理论知识的需要,培养学生机电技术综合应用的基础能力。本课程以液/气压系统安装与调试为线索设计,包括以下 5 个学习项目:认识液/气压传动系统;工作介质及流体传动技术基础认知;液/气压动力元件及执行元件认知;液/气压控制元件及控制回路的组建与调试;复杂液/气压系统的识读、故障判断、运行与维护。

课程思政教学目标

本课程思政教学目标为,通过对典型液/气压系统的功能分析、回路设计与装调等内容,学会从不同的角度提出问题、分析问题、解决问题,发展应用意识;培养独立思考能力和严谨求实的科学态度;培养学生的团队合作意识、与人沟通的能力及创新意识;锻炼实际操作能力,养成安全意识;培养学生可持续发展意识及"以人为本"的设计理念;激发学生的民族自豪感和专业认同感,树立责任意识。

课程思政融入设计

教学进度 （任务/知识单元）	课程思政点	融入方式	思政育人 预期效果
项目一：认识液/气压传动系统 射电望远镜"天眼" "复兴号"高铁	① 民族自豪感 ② 使命感和责任感	① 在讲解液/气压传动系统的应用时，融入大国重器案例，如射电望远镜"天眼"、盾构机（杨华勇院士盾构机国产化）、SMPT平板车（世界唯一、中国独有的车）8万吨模锻压机、中国高铁、大飞机等，强调装备制造业对繁荣经济和实现民主富强起到了无可替代的作用。强国建设，离不开国之重器 ② 让学生清楚认识到，中国的液压元件与国际水平还存在差距。为此，中国提出"强基工程"，重点解决"关键基础材料""核心基础零部件""先进基础工艺""产业技术基础"等关键技术难题	① 学生在液/气压传动技术用于大国重器的案例学习过程中，激发民族自豪感 ② 学生在了解"强基工程"重要性过程中，意识到自身肩负着建设制造业强国的重任，及担负着中国制造业高质量发展重任的使命感和社会责任感
项目二：工作介质及流体传动技术基础认知 液压千斤顶	① 科学精神 ② 科研意识	介绍液压千斤顶应用实例，引出其原理即液体静压传递原理——帕斯卡原理；在学习帕斯卡原理的过程中，拓展介绍法国物理学家布莱士·帕斯卡反反复复、不畏困难、坚持实验、追求真理的过程	学生在学习布莱士·帕斯卡反复实验、追求真理的探索精神，勤于实践精神的过程中，激发了科研探索精神，树立了科技报国的志向
项目三：液/气压动力元件及执行元件认知	① 节约意识 ② 环保意识	① 传动介质是压缩空气，取之不尽用之不竭，节省了能源，排到大气中不会污染空气，符合环保理念 ② 为了控制执行元件的运动速度，常在系统的排气口处加装排气节流阀；为了减小排气噪声，常装有消声器件。以其为切入点，从而引出：噪声也是影响人们生产生活的重要污染源之一，防噪声污染也是环境保护的必然要求	学生在学习传动介质——压缩空气和排气节流阀加装消声器件过程中，能够形成节约资源、环境保护的良好习惯，以及可持续发展意识

（续表）

教学进度 （任务/知识单元）	课程思政点	融入方式	思政育人 预期效果
项目四：液/气压控制元件及控制回路的组建与调试 	① 专业认同感 ② 安全规范意识 ③ "以人为本"的设计理念	① 通过观看"中国8万吨锻压机打破西方垄断"视频，激发学生探究新知的兴趣，同时通过液/气压技术在大国重器中的应用，激发学生的专业认同感 ② 在学生动手操作之前，通过对不规范操作引发事故的案例分析，强调安全高于一切，养成安全意识、规范意识等职业精神的重要性 ③ 气动冲压机是生产中常用设备，如果操作者单手操作经常会引发安全事故，因而产生了采用双手控制的气动冲压机。以此实例为切入点，让学生认识到，在设计产品时，要充分考虑到人的需求，把产品使用者的安全放到第一位，从而体现"以人为本"的职业精神	① 激发专业认同感，同时培养文化自信、专业自信、道路自信及爱国情怀 ② 意识到"安全无小事，安全无止境"，培养安全意识以及践行以人为本的职业精神
项目五：复杂液/气压系统的识读、故障判断、运行与维护	① 细心耐心、严谨求实 ② 终身学习价值观	在分析复杂的液/气压综合回路，以及液/气压系统维护过程中，故障诊断是同学们遇到的最大难题。以此为切入点，观看《大国工匠》——"深海钳工管延安"视频，引导学生自始至终要具备细心、耐心、严谨、精益求精、追求极致的品质，从而形成终身学习的价值观	① 培养细心、耐心、精益求精的工匠精神，树立创新意识 ② 认识到学习专业知识的必要性，进而形成终身学习的价值观

典型教学案例

1. 课题名称

项目四之任务六：手动控制及自动控制气动折弯机回路设计与装调

2. 学习目标

【知识目标】

（1）会辨认行程阀的结构，分析其工作原理及识别其图形符号。

（2）会分析行程阀应用回路的设计原理。

（3）能列举行程阀的应用场合。

【技能目标】

（1）模拟仿真设计手动、自动气动折弯机回路。

（2）完成手动、自动气动折弯机气压回路的装调。

【素养目标】

（1）养成安全规范、团结协作意识。

（2）具备"以人为本"的设计理念。

（3）树立专业认同感、责任意识，激发爱国情怀。

3. 案例阐述

选择"中国8万吨锻压机打破西方垄断"及"气动冲压机"双手操作，作为本次课程思政案例。

案例一：C919国产大飞机的诞生及《了不起我的国——中国8万吨锻压机打破西方垄断》视频讲述的是：2013年，中国科研人员坚持不懈历时6年，终于研制出了应用液/气压技术的8万吨锻压机，打破了西方垄断，并且应用于大型民用飞机、航母、高铁等重要制造领域，多项记录创世界第一，拉开了中国航空制造装备赶超世界先进水平的序幕。

本节课学习的气动折弯机的工作原理即最简单的锻压机工作原理。学生通过观看此视频，激发了探究新知的兴趣，同时领略了"大国重器"风采，通过中国自主产权装备的不断提升，激发学生的民族自豪感和专业认同感，培养学生的文化自信、专业自信、道路自信及爱国情怀，同时学习科研人员坚持不懈的探索精神、科研意识。

案例二：手动气动折弯机及气动冲压机是生产中常用设备，如果操作者单手操作经常会引发安全事故，因而产生了采用双手控制的气动折弯机或气动冲压机。以此实例为切入点，让学生认识到在操作过程中提高安全意识、规范意识的重要性，在设计产品过程中要充分考虑到人的需求，把产品使用者的安全等放到第一位，体现"以人为本"的设计理念。

4. 课题设计与实施

课题名称		任务六：手动控制及自动控制气动折弯机回路设计与装调	
教学环节	师生活动	教学内容与步骤	教学设计意图
	教师 / 学生		
任务引入	①播放课程思政视频 ②布置任务 ③发放课堂评价表 / ①观看视频 ②接受任务	①导入任务：观看案例一"8万吨锻压机"视频，导入本节课程任务	①创设情境，激发学生的探究兴趣和求知欲望 ②明确本次课程学习任务 ③增强学生专业自信、文化自信、道路自信，激发专业认同感，培养爱国情怀及责任意识

（续表）

教学环节	师生活动		教学内容与步骤	教学设计意图
	教师	学生		
任务引入			② 布置任务：观看视频，学生了解了中国制造最新技术，以及液/气压技术在大国重器中的应用，要求设计回路实现手动及自动弯板操作③ 学生思考完成本次任务需要哪些元器件，并在教师指导下明确完成此任务还需要学习哪些新知识	
探究新知	① 讲解新知识点② 指出本次任务的重难点③ 安全教育	学习行程阀的结构、工作原理、图形符号及行程阀应用回路的设计等新知识	新知导入：分析讨论利用已学气动元件设计的手动气动折弯机回路还有缺陷，进而引出新知识——新元件。新知讲解：① 通过图片及实物展示等手段讲解行程阀的工作原理② 模拟仿真软件演示行程阀应用回路③ 教师示范操作行程阀应用回路的装调	① 让学生掌握行程阀的工作原理及图形符号② 学会行程阀的应用回路模拟仿真③ 学会行程阀的回路搭建④ 培养学生养成规范操作的习惯，增强学生的职业素养

（续表）

教学环节	师生活动		教学内容与步骤	教学设计意图
	教师	学生		
探究新知				
任务实施	① 布置任务 ② 任务分析:引导学生进行任务分析 ③ 巡回指导:在学生模拟仿真过程中进行巡回指导 ④ 安排小组展示 ⑤ 师生点评,完成评价表	① 接受任务 ② 讨论交流:同学之间讨论交流回路设计要求 ③ 模拟仿真设计:按照任务要求小组合作运用 Festo 软件完成回路设计 ④ 展示交流:学生分组展示交流 ⑤ 师生点评,完成评价表	【活动一　模拟仿真】 步骤一: 按要求设计出手动气动折弯机气动回路,并进行模拟仿真操作。 步骤二: 学生展示并讲解手动气动折弯机气动回路。 步骤三: 导入案例二,通过单手操作控制气动冲压机引发安全事故案例,师生对以上设计方案进行点评,并选出合理回路。 步骤四: 学生优化设计出自动气动折弯机气动回路。 步骤五: 学生展示自动气动折弯机气动回路设计。 步骤六: 师生对以上设计方案进行点评,并选出合理回路	① 培养学生"善思、能做、会说"的能力,充分发挥学生自主学习、协作学习以及运用信息技术的能力 ② 让学生认识到,在设计产品时,要充分考虑到人的需求,以人为本,践行科学发展观 ③ 通过对回路反复设计修改等,培养学生发现问题、分析问题、解决问题的能力,引导学生耐心、认真的工作态度
	① 强调安全操作要求及回路装调注意事项 ② 巡回指导 ③ 实时点评:针对学生操作中个性问题进行单独点评,共性问题及时集中点评 ④ 师生点评,完成评价表	① 严格遵守安全操作规程 ② 小组合作,进行气动折弯机气动回路的装调 ③ 对装调过程中遇到的问题,师生共同答疑解惑 ④ 师生点评,完成评价表	【活动二　回路装调】 步骤一: 小组合作装调手动气动折弯机气动回路。明确元器件选用及装调注意事项,同时从规范操作、整理整洁等方面要求学生养成 6S 管理习惯。检查气管是否插紧、元器件是否安装牢固。 步骤二: 针对上述任务完成情况,师生点评及总结。 步骤三: 小组合作装调自动气动折弯机气动回路。 步骤四: 针对上述任务完成情况,师生点评及总结	① 养成 6S 管理习惯,增强学生的职业素养 ② 培养学生细心严谨的工作态度 ③ 通过回路装调,增强学生动手操作的能力及发现问题、分析问题、解决问题的能力

教学环节	师生活动		教学内容与步骤	教学设计意图
	教师	学生		
课堂评价	① 师生课堂总结 ② 根据三方测评评选出最佳合作小组	① 师生课堂总结 ② 师生共同评议,最终评选出最佳合作小组 ③ 填写课堂反馈表	① 对本节课所学内容师生进行总结 ② 根据学生自评、互评以及教师评价,完成学生综合评价	培养学生诚信的职业道德
课后延伸	① 布置课后作业 ② 通过交流软件为学生答疑解惑	学生完成作业并提交	① 布置作业:电热焊接器通过双作用气缸(1A)被放在旋转的滚筒上,滚筒上的金属箔片开始进行焊接,按下按钮可以激励阀的前进行程。直到气缸前进到末端位置时,气缸才会缩回。请利用已学知识完成此动回路的设计 金属箔片焊接 ② 预习延时阀	① 便于教师及时了解学生的学习情况,调整教学计划 ② 检查本次课程学习效果

5. 成效与反思

（1）成效:增强学生的文化自信、民族自豪感。在教学过程中,挖掘有代表性的思政点,从液/气压技术在大国重器中的应用方面,给学生带来了更多的信息和知识,进而提高了其对自身专业的认同感和自信心,同时也激发了学生的爱国情怀和民族自豪感。培养学生"以人为本"的设计理念,通过操作规范、安全意识、"以人为本"的设计理念等,培养学生具备一定的职业精神。

（2）反思:在教学过程中,要精准挖掘课程内容中蕴含的思政要素,并"润物无声"地融入课堂教学中,思政元素根据课程性质和课程目标进行精准挖掘和统筹规划,有侧重点,不泛泛而谈,不是简单的重复,而是强化课程之间思政的内在联动,以连贯、递进、螺旋式上升的方法构建起整体专业课程思政"链"。

参考文献

［1］马振福. 液压与气压传动［M］. 3 版. 北京：机械工业出版社，2015.

［2］小狐狸 307285791. 气动折弯机［EB/OL］.［2018 - 05 - 04］. https：//tv. sohu. com/v/dXMvMzA3Mj g1NzkxLzEwMTU5Nzk3MC5zaHRtbA＝＝. html.

［3］大磨坊米分. 国宝级战略 8 万吨模锻压机　打破 51 年世界纪录［EB/OL］.［2018 - 05 - 04］. https：//haokan. baidu. com/v？vid＝12728791662201058767. 2017 - 10 - 11.